济阳坳陷页岩油资源潜力评价与有利区预测

宋国奇 李 政 朱日房 王 民 包友书 等 著

科学出版社

北 京

内 容 简 介

本书系统介绍了济阳坳陷古近系页岩资源潜力评价和有利区预测方面的成果。从页岩发育的宏观地质背景出发，重点介绍了页岩的有机地球化学特征及页岩油性质，页岩油资源评价方法、关键参数及相关的系列技术方法，从岩相、含油性、储集性、流体性质及动力学方面分析了页岩油成藏边界条件，总结了页岩油的富集模式，以页岩油富集区控制因素分析为基础，形成了页岩油有利区预测方法，并初步探讨了页岩油采收率的问题。

本书可供从事页岩油勘探开发的科研和技术人员及高等院校相关专业的师生参考使用。

图书在版编目（CIP）数据

济阳坳陷页岩油资源潜力评价与有利区预测 / 宋国奇等著. —北京：科学出版社，2023.9

ISBN 978-7-03-076006-7

Ⅰ.①济… Ⅱ.①宋… Ⅲ.①坳陷–油页岩资源–油气资源评价–济阳县 ②坳陷–油页岩资源–资源预测–济阳县 Ⅳ.①TE155

中国国家版本馆 CIP 数据核字（2023）第 134287 号

责任编辑：吴凡洁 冯晓利 / 责任校对：王萌萌
责任印制：师艳茹 / 封面设计：无极书装

科 学 出 版 社 出版
北京东黄城根北街 16 号
邮政编码：100717
http://www.sciencep.com
三河市春园印刷有限公司 印刷
科学出版社发行 各地新华书店经销
*
2023 年 9 月第 一 版 开本：787×1092 1/16
2023 年 9 月第一次印刷 印张：10 3/4
字数：252 000
定价：198.00 元
（如有印装质量问题，我社负责调换）

　　页岩油气作为常规油气的重要战略接替能源，目前已成为全球勘探开发的热点。济阳坳陷为我国东部新生代典型富油陆相断陷盆地，在泥页岩发育段常常发现油气显示，甚至获得工业油气流，预示着丰富的页岩油气资源。经过 10 余年的攻关研究和勘探实践，胜利油田在东营、沾化等凹陷逐渐取得了多个层系、多种类型页岩油的突破，展现了济阳坳陷良好的页岩油勘探前景，但也面临着一系列挑战：早期部署的井位很难稳产，不同井位/地区的含油气性/产能差异明显，水平井产能整体偏低等。因此，明确页岩油的资源潜力和有利区的分布，是当下济阳坳陷页岩油的高效勘探开发的重要需求。在国家 973 计划项目(2014CB239100)和国家科技重大专项(2017ZX05049)的支持下，作者开展了济阳坳陷沙河街组页岩油地质地球化学特征、资源评价体系、富集成藏以及有利区预测等一些探索性研究工作，形成了陆相页岩油资源潜力评价及有利区预测的系列方法。

　　本书回顾了济阳坳陷页岩油的勘探历程，梳理了研究进展及勘探中面临的问题及攻关对象；在查清济阳坳陷构造演化、沉积及有机相发育等宏观地质背景的基础上，揭示了页岩岩相特征；利用岩心、录井、实验等资料，明确了页岩油的丰度、类型、成熟度等基础地球化学信息，分析了页岩油的组成及物理特征，建立了研究区页岩油资源分级评价标准；系统调研并优选了页岩油资源评价方法，对资源评价模型中的关键参数进行了研究，形成了系列技术方法，建立了页岩有机地球化学参数的测井预测方法，利用自然演化、物理实验和数值模拟等综合评价了页岩油伴生气量，探索了吸附油-游离油-可动油的评价方法和模型，系统完成了页岩油总资源量、吸附油量及游离油量的评估；分析了页岩油分布特征，从页岩的微观孔隙、埋藏深度、页岩油可动性及流体动力学等方面进一步厘清了页岩油富集成藏的边界条件，建立了页岩油的富集模式；在明确了济阳坳陷页岩油富集区的控制因素的基础上，建立了页岩油有利区的评价方法，优选了有利区，并初步探讨了页岩油的采收率。研究成果建立了适合陆相页岩油勘探的资源评价体系和有利区预测方法，在济阳坳陷页岩油勘探实践中获得良好效果。

　　全书分为六章，前言由宋国奇撰写，第一章由宋国奇、李政、朱日房撰写，第二章由李政、王民、刘庆、王茹、李进步撰写，第三章由宋国奇、朱日房、王民、李明撰写，第四章由朱日房、李政、王民、包友书撰写，第五章由王民、宋国奇、李进步、李明、朱日房撰写，第六章由包友书、李政、朱日房、宋国奇、王民撰写。全书由宋国奇统稿。

上述研究工作是在探索济阳坳陷页岩油勘探中取得的一些初步认识，希望本书的出版能起到抛砖引玉的作用，对我国页岩油的研究和产业发展起到积极推动作用。

由于笔者水平所限，不妥之处在所难免，恳请各位专家和读者批评指正。

作　者

2023 年 1 月

目录

第一章 绪 论

页岩油在北美的成功勘探、开发引起勘探家对这一目标的高度关注和重视。页岩油是指赋存于富有机质页岩层系中的石油，页岩层系中粉砂岩、细砂岩、碳酸盐岩单层厚度不大于 5m，累计厚度不超过 1/3，无自然产能或低于工业石油产量下限，需采用特殊工艺措施才能获得工业石油产量(GB/T 38718—2020)。济阳坳陷为中国东部新生代典型富油陆相断陷盆地，页岩油资源丰富，在东营、沾化、车镇、惠民等凹陷均有分布，页岩油主要分布在古近系沙河街组沙四上亚段、沙三下亚段及沙一段 3 套富有机质页岩层系中。在近 10 年的攻关研究和勘探实践过程中，胜利油田在东营、沾化等凹陷取得了多个层系、多种类型页岩油的突破，充分展现了济阳坳陷良好的页岩油勘探前景。

第一节 页岩油勘探发现与历程

济阳坳陷页岩油勘探经历了从认识—实践到再认识—再实践不断探索的过程，其勘探有 50 年的历史，时间节点以 2006 年和 2012 年为界限，可分为勘探偶遇、主动探索、创新突破 3 个阶段(图 1-1)。

图 1-1　济阳坳陷页岩油勘探历程(刘惠民，2022)

(一)勘探偶遇阶段(1972～2006 年)

1972 年，在沾化凹陷渤南洼陷的 Y18 井于沙一段泥页岩中偶然发现了工业油气流，当时称为泥页岩裂缝油气藏。之后，在东营中央隆起带钻探河 54 井，沙三下亚段 2928～2964.4m 页岩段中途测试，5mm 油嘴放喷，日产油 91.4t，日产气 2740m^3，是济阳坳陷第一口页岩工业油流井。此后，沾化凹陷罗 42、车镇凹陷的新郭 3、东营凹陷的利深 101 等井也相继在页岩段获得了高产油气流，展示了济阳坳陷页岩油勘探的巨大潜力(孙焕泉，2017)。

该阶段以常规构造油气藏和隐蔽油气藏为勘探对象，钻探过程中在沙河街组泥页岩段多口井见油气显示或获得工业油气流。其间对泥页岩裂缝油气藏进行了探索性的攻关研究，并采取"兼探为主，专探为辅，深化认识，改进技术"的策略(董冬等，1993)。该阶段页岩试油井的初期产能普遍较高，但产能下降快，高产井可以长期、多周期间歇开采，累计产量大多是第 1 阶段贡献，少数页岩油井总体产能较高。但由于当时地质认识局限性，以及常规直井勘探技术、预测方法不适应性，泥页岩裂缝油藏预测难度大，页岩油勘探并未取得实质性进展，尚未建立完善的评价方法体系，加之常规油气发现层出不穷，页岩油钻探计划遂被搁浅，以偶然发现为主。

(二)主动探索阶段(2006～2012 年)

受北美海相页岩油气成功勘探开发的启示，从 2006 年开始加快了济阳坳陷页岩油的专题研究与勘探步伐。济阳坳陷 320 余口探井在泥页岩中见油气显示，其中 30 余口井获工业油气流。各凹陷、多层系均见工业性油气流，以东营凹陷、沾化凹陷最多；层系上以沙三下亚段为主，其次为沙四上亚段和沙一段。页岩油投产井累计产油最高达 27896t。初步认识到济阳坳陷页岩油具有"连续成藏、局部富集"的特点，基本明确了济阳坳陷页岩油较大的勘探潜力与方向，并以此认识为指导，先后部署罗 69、樊页 1、牛页 1、利页 1 四口系统取心井，累计取心 1010m，并开展上万块(次)样品系统测试分析，为推进济阳坳陷页岩油基础地质研究奠定了扎实的资料基础，逐步认识到济阳坳陷陆相页岩油与北美海相页岩油的显著差异。2011 年，在胜利油田"发现 50 周年，产油 10 亿 t"之际，中国石化集团公司领导提出了"胜利油田要加快页岩油气勘探开发，展开会战，尽快形成规模，走在全国前列"的工作目标。其下属各油田积极响应集团公司号召，成立了以分公司主要领导牵头的非常规油气勘探开发工作领导小组，积极开展页岩油气勘探开发会战，并在东营凹陷、渤南洼陷开展评价部署工作，优选了沾化凹陷渤南洼陷沙三下亚段部署 BYP1 井、BYP2 井及东营凹陷利津洼陷沙四上亚段部署 LY1HF 井等四口页岩油专探井。其中，渤南洼陷钻探的三口井，在目的页岩层水平段钻井过程中出现了不同程度的井壁垮塌，压裂均不成功，单井初期产量、累计产量均比较低；利津洼陷钻探的 LY1HF 压裂效果不理想，产能也较低。此外，部署兼探井五口，分别为 Y182 井、Y186 井、Y187 井、L758 井、N52 井，并开展试油测试，兼探井页岩发育段见高产油气流，展示了济阳坳陷泥页岩具有较大的资源潜力(表 1-1)。

表 1-1　济阳坳陷主动探索评价阶段主要新钻页岩油井试油试采情况统计(宋明水，2019)

井号	井段/m	初始日产油量/t	求产方式	累计产油量/t	措施	页岩油密度/(g/cm³)
NY1	3403.18～3510.0	油花	一次溢流折算			
LY1	3632.0～3665.0	0.17	二次溢流折算	0.41		0.87
	3872.6～3889.9	2.29				
FY1	3199.0～3210.0	2.41	二次溢流折算	653	压裂、泵抽	0.88
BYP1	3605.0～3628.0	2.48	油管畅放	116	压裂、泵抽	0.91

续表

井号	井段/m	初始日产油量/t	求产方式	累计产油量/t	措施	页岩油密度/(g/cm³)
BYP2	3125.9～3645.0	1.11	油管畅放	70.3	压裂、泵抽	0.93
BYP1-2	1956.6～3542	3	油管畅放	317	压裂、泵抽	0.92
LY1HF	2942.9～3969.5	2.29	管式泵	127.4	泵抽、酸洗	0.88
Y182	3429.4～3480	140	自喷	1178	自喷	0.88
Y187	3440.42～3504.47	154	自喷	7444	自喷	0.88
Y283	3671.0～3730.5	10.2	管式泵	1253	压裂、泵抽	0.88
L758	3224.3～3250	5.81	管式泵	62.8	泵抽	0.88

（三）创新突破阶段（2013 年至今）

"十二五"以来，依托国家 973 计划、国家科技重大专项及中国石化集团公司科技攻关项目，开展济阳坳陷富有机质页岩"储集性、含油性、可动性和可压性"基础地质研究与关键技术攻关，在页岩微观表征、富集模式、有利区预测等方面取得重要进展（朱日房等，2015；李政等，2015；张顺等，2016；刘惠民等，2018；王永诗等，2018；王民等，2019），重新审视了济阳坳陷页岩油"有效烃源岩厚度大、资源丰度高、裂缝发育、渗流能力强、地层天然能力充足及富碳酸盐页岩具有一定可压裂性"等有利条件。配套形成了勘探部署评价与工程工艺技术系列，济阳坳陷页岩油勘探取得战略性突破。通过新一轮 200 余口老井复查，优选优质页岩层段开展重新试油，验证地质新认识，试验压裂新工艺。在渤南洼陷 Y176、博兴洼陷 F159、东营凹陷南坡 GX26 等地区优选老井开展先导试验，Y176 井、F159 井、GX26 井等 6 口老井压裂均获得工业油流，试油产油量为 6.3～44.0t/d，经过数月开采，产能整体稳定，取得了良好效果，推动了济阳坳陷页岩油勘探进程。对直斜井富有机质页岩层压裂改造 20 余口，90%的井累计产量超过千吨，进一步证实地质新认识的可行性和压裂工艺的适用性，大大增强了展开济阳坳陷页岩油勘探的信心。

2019 年以来，按照"直斜井试油战略侦察，风险勘探引领突破，水平井专探求产"的指导思想，遵循济阳坳陷页岩油"四性"20 参数地质评价体系与勘探突破目标优选工作流程，选靶区、选靶层、定靶盒，探井部署由裂缝型转向基质型、由 $R_o > 0.9\%$ 转向 $R_o < 0.9\%$，设计水平专探井实施钻探，实现济阳坳陷页岩油商业产能突破。2019 年和 2020 年，在沾化凹陷渤南洼陷及东营凹陷博兴洼陷部署钻探 YYP1 和 FYP1 两口风险探井（中等演化程度）。2021 年在沾化凹陷渤南洼陷部署钻探该阶段第三口风险探井——BYP5 井（高热演化成熟度），在东营凹陷牛庄洼陷部署钻探直斜兼探井——NX124 井（低热演化程度），其中，BYP5 井峰值日产油 160t 油当量，累计产油 11671t 油当量（4 个月累计产油过万吨油当量）；NX124 井峰值日产油 43.2t，累计产油 1974t。近年来，济阳坳陷页岩油勘探的相继突破，进一步证实济阳陆相断陷咸化湖盆高热演化（$R_o > 0.9\%$）、中等热演化（$R_o = 0.7\% \sim 0.9\%$）、低热演化（$R_o = 0.5\% \sim 0.7\%$）程度的富有机质纹层(层)状富碳酸盐页岩均具有较好的勘探开发前景(刘惠民,2022)。

第二节 页岩油勘探中的问题及研究进展

勘探实践表明,济阳坳陷页岩油资源潜力巨大,前期部署的水平专探井和垂直兼探井均可以获得油流,但存在以下几个基本现象:页岩油初期产能相对较高,但下降速度较快,很难稳产;页岩样品实测的含油丰度高,但产出的油气相对较少;同井、同层甚至相近地区的页岩含油气性差异明显;各井的产能差异较大(日产油 2.3~154.0t),水平专探井产能整体偏低,效果并不理想(卢双舫等,2016b)。以上现象表明,济阳坳陷页岩油勘探仍面临以下诸多问题,亟须攻关。

(1)济阳坳陷页岩含油气性空间变化块,研究难度大。济阳断陷湖盆页岩沉积受沉积环境多变的影响,形成的页岩类型多样、分布复杂,泥页岩分布非均质性强,横纵方向上的岩相、物性、脆性、含油性等特征变化较快,不同类型泥页岩的地球化学特征、脆性、孔渗、电性等特征差别较大,制约了后续的勘探目标评价。

(2)页岩油富集规律不明确。济阳坳陷页岩油井单点上虽已经获得突破,但同井、同层甚至相近地区的页岩含油气性差异明显,且各井的产能差异较大,重要原因之一在于对页岩油富集规律的探索不够深入(宋明水等,2020)。页岩油资源的富集模式是页岩油勘探和有利区预测的关键,不同的富集模式具有不同的控制因素和分布规律。客观评价/有效预测有机质,尤其是页岩油富集的层段和区域,是准确布井并提高页岩油勘探开发效益的基础。

(3)页岩油资源规模不清楚。济阳坳陷古近系普遍发育泥页岩,其间蕴含着巨大的油气资源。相比北美页岩油气系统主要发育于海相地层,济阳泥页岩主要为陆相沉积,其页岩油气的生成条件、储集条件及泥页岩的含油气性是否具有可比性,无疑是制约济阳坳陷页岩油气勘探开发的关键问题(张林晔等,2014b)。如何在借鉴北美页岩油气勘探开发技术和实践经验基础上,利用新方法、新思路、新技术查明济阳坳陷页岩油资源规模,对明确页岩油勘探前景、推动济阳坳陷页岩油勘探开发及部署具有重要意义。

(4)页岩油可动性及有利区预测方法缺少。济阳坳陷页岩油勘探中的兼探井在页岩发育段见高产油气流,而水平井虽然采用与国外同步的钻井及压裂措施,但效果并不理想。如渤南洼陷钻探的 3 口井(BYP1 井、BYP2 井、BYP1-2 井),在目的页岩层段单井初期产量、累计产量均比较低;利津洼陷钻探的 LY1HF 压裂效果不理想,产能也较低。页岩油能否高效稳产的关键点是页岩油可动性如何(卢双舫等,2016b)。总的来看,由于在水平井落靶层选择上存在误区,主动探索阶段部署的水平专探井效果未达到预期目的。济阳坳陷页岩油专探井失利对胜利油田页岩油勘探提出了新的挑战:应明确页岩油有利层段及平面分布,提高勘探效率。

美国页岩油的成功勘探开发,影响了北美的能源市场和全球能源格局,给全世界带来了新的油气勘探思路。受此影响,我国石油地质学者及勘探家对国内页岩油已经历 10 多年的勘探研究历程,在国内多地区、多层系已获得页岩油的初步产能突破,如松辽盆地古龙凹陷青山口组、准噶尔盆地二叠系芦草沟组、渤海湾盆地黄骅坳陷古近系孔店组二段、济阳坳陷古近系沙河街组四段上亚段和三段下亚段多井次获得工业油流(梁世君等，2012；赵贤正等，2018；Wang et al.，2019；孙龙德，2020；刘惠民，2022)；在更多地区、层系见不同程度的油气显示，如鄂尔多斯盆地三叠系延长组长 7 段、江汉盆地古近系潜江组、南襄盆地古近系核桃园组等(杨华等，2013；吴世强等，2013；章新文等，2015)，展现了页岩油勘探潜力巨大，将是常规油气的主要接替类型之一，更是中国东部成熟探区油气的现实接替阵地之一。近年来，国内专家学者已对我国陆相页岩沉积规律、页岩储层微观孔隙结构特征、页岩油气勘探评价方法、资源量预测以及页岩可压性等方面开展了大量的基础性、探索性的研究工作，目前已认识到与美国海相页岩油的差异(王民等，2014；张林晔等，2014b；Wang et al.，2015a)，但总体处在起步阶段，对页岩油富集及分布规律仍不清晰、页岩油资源评价体系仍不完善。

针对以上济阳坳陷页岩油勘探过程中面临的问题，在国家 973 计划项目(2014CB239100)的资助下，作者结合目前国内外页岩油领域相关研究进展，以沙河街组页岩油为研究对象开展了页岩油富集成藏的边界条件与动力学特征、陆相页岩油富集成藏机制与地质模式、陆相页岩油资源评价体系、陆相页岩油资源潜力及有利区预测等一些探索性研究工作，形成陆相页岩油资源潜力评价及分布规律预测的系列方法。

第二章 济阳坳陷页岩发育的宏观地质背景

第一节 构造演化特征

渤海湾盆地作为中国最重要的含油气盆地之一，属于在华北地台上形成的新生代断陷湖盆，位于中国东部沿海地区，面积约 20 万 km^2。该盆地在中生代属于弧后盆地，到新生代逐渐演化成陆内断陷湖盆。渤海湾盆地总体上经历了两个主要构造演化阶段，即同生裂谷阶段和裂陷后阶段。同生裂谷阶段主要为古近纪时期，由于盆地的裂陷作用，形成了一系列北东和北西向的正断层，这些正断层又组成了一系列地堑和半地堑。到了渐新世晚期，盆地进入裂陷后阶段，这些地堑和半地堑组合形成了现今的渤海湾盆地。

渤海湾盆地主要由七个坳陷组成，分别为临清坳陷、济中坳陷、黄骅坳陷、济阳坳陷、渤中坳陷、辽东湾坳陷和辽河坳陷。这些坳陷有着各自独特的沉降—沉积历史、构造特征和油气潜力，其中济阳坳陷位于渤海湾盆地东南部，东邻郯庐断裂，西北以大型基岩断裂与埕宁隆起相接，南邻鲁西隆起区，面积为 2.551 万 km^2，是在华北地台基底上发育的中—新生代断陷—坳陷叠合盆地，内部被青城、滨县、陈家庄、义和庄等凸起分隔成东营、惠民、沾化、车镇四个凹陷(图 2-1)。济阳坳陷是在华北地台的基础上发展起来的一个中新生代断陷—断坳—坳陷盆地中的坳陷，其发展过程可分为以下三个阶段。

(1)结晶基底形成阶段：根据钻遇基底的地层并结合地震资料分析，所见的最古老地层为太古界泰山群，属地槽沉积，经泰山运动回返上升，形成了一套花岗岩化的中深变质岩系，属于结晶基底形成阶段。

(2)盖层发育阶段：古生界寒武系不整合于泰山群之上，缺失整套元古代沉积。至早寒武世开始沉降，成为广阔的浅海，形成了以较稳定的碳酸盐为主的沉积，直至中奥陶世末，加里东运动使全区抬升，缺失晚奥陶世—早石炭世沉积。到中石炭世又开始下降，形成了分布广泛的海陆交互相碎屑岩夹碳酸盐岩沉积。从早二叠世开始转为陆相沉积，二叠纪末的海西运动又使全区整体抬升，导致区内缺失三叠纪沉积；一直到中生代印支运动后，部分地区接受了早—中侏罗世河湖相及局部沼泽相沉积，上述几次构造运动，皆以振荡运动为主要形式，只见地层大段缺失，未见强烈的褶皱现象的大量的岩浆活动，形成了以下古生界寒武系—中奥陶统、上古生界中石炭统—二叠系及中生界中—下侏罗统组成的大型扇状构造系。

(3)断陷—坳陷发展阶段：经过燕山运动Ⅱ幕发生的强烈的断裂变动，形成了中生代双断地堑式盆地—断陷盆地，断陷内充填了晚侏罗世—白垩世的陆相碎屑，并伴有大量的以中基性为主的岩浆喷发；新生代古近纪继承了中生代的断陷发展，逐渐转

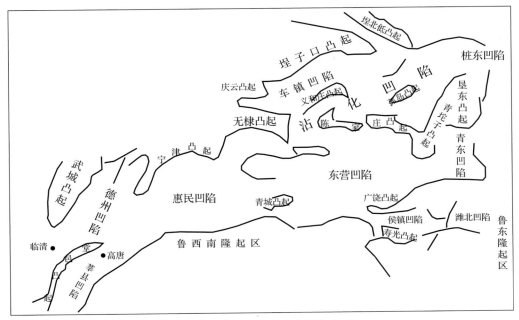

图 2-1 济阳坳陷构造位置图

化为一边断、一边超覆或尖灭的单断式盆地—断陷盆地，形成了巨厚以湖相为主的碎屑夹碳酸盐岩沉积。到新近纪，由于喜马拉雅运动，使整个渤盆地连通成为一个坳陷盆地，主要以河流相夹海相沉积为代表。作为渤海湾盆地(坳陷区)中的一个构造单元，其发生和发展的型式为：从中生代地堑式的断陷盆地，发展到新生代古近纪的北陡南缓的箕状断陷盆地，最后到新近纪，成为断裂活动较弱的坳陷盆地，即今日所称的济阳坳陷。

受多次构造作用影响，济阳坳陷不同次级单元的构造特征既有相似性，又有一定的差异。

(1)东营凹陷：位于济阳坳陷的东部，北以陈家庄凸起、滨县凸起为界，南与鲁西隆起及广饶凸起呈超覆关系，西与惠民凹陷毗邻，东接青坨子凸起，东西长 90km，南北宽 65km，面积约 5700km²。该凹陷由利津、博兴、牛庄、民丰四个生油洼陷及北部陡坡带、中央背斜带和南部斜坡带等几个二级构造单元组成。凹陷总体呈北断南超的构造格局。

(2)沾化凹陷：位于济阳坳陷北部，由四扣、渤南、孤北、孤南、富林等多个洼陷及周边斜坡带、正向构造带组成，勘探面积 3848km²。沾化凹陷为继承性发育的复合扭张断陷，凹陷结构具有北断南超、东西双断、断层发育、分割强烈、凹凸相间的特点。区内发育的一级和二级主断层将凹陷切割为 5 个生油洼陷、10 个向斜和 5 个鼻状构造，其周缘环绕 6 个凸起(潜山带)。

(3)车镇凹陷：位于济阳坳陷西北部，勘探面积约 2340km²，为一由北部埕南断裂带控制形成的单断式狭长负向构造，被车 3-套尔河、大王庄-大 35 两个大型鼻状构造(带)分隔成车西、大王北、郭局子三个次级洼陷。车镇凹陷大断层不发育，构造分隔性较差，物源及沉积体系相对简单。

（4）惠民凹陷：位于济阳坳陷的西部，北为埕宁隆起，南至齐广断裂，西部和东部分别与临清坳陷、东营凹陷相接，东西长 90km，南北宽约 70km，勘探面积约 6000km²。惠民凹陷可进一步划分出滋镇洼陷、阳信洼陷、里则镇洼陷、中央隆起带、临南洼陷、惠民南斜坡、林樊家构造等 7 个次级构造单元。

第二节 沉 积 特 征

济阳坳陷发育有古生界、中生界、新生界三套地层。从下而上，底部古生界主要为寒武系—奥陶系的碳酸盐岩地层，中生界为陆源碎屑岩。发育于新生界的古近系，包含孔店组、沙河街组和东营组。沙河街组分为四个亚段，从下而上分别为：沙四段、沙三段、沙二段和沙一段（图 2-2），其中优质烃源岩主要发育于沙四上亚段、沙三下亚段、沙三中亚段和沙一段。

1. 沙四上亚段

沙四上亚段沉积时期，济阳坳陷的沉降不均衡，烃源岩的沉积环境、沉积厚度、岩性等差别较大。东营凹陷和沾化凹陷的沙四上亚段为一套咸水-半咸水湖相沉积，烃源岩最为发育，岩性以灰褐色钙质纹层泥页夹含膏泥岩、泥灰岩、白云岩等，厚度也存在较大差异，介于 40～300m。其他地区沙四上亚段烃源岩相对较差。惠民凹陷沙四上亚段为杂色泥岩、浅灰色泥岩与粉细砂岩、砂岩互层为主，烃源岩以砂岩层中夹的灰色泥岩为主；车镇凹陷为一套砂岩夹泥岩的河流冲积相沉积，烃源岩以灰色泥岩及少量碳质泥岩为主。

2. 沙三下亚段

沙三下亚段为一套微咸水-淡水湖相沉积，在各个凹陷差异不大，分布广泛。烃源岩岩性以深湖相泥岩、灰褐色油页岩及页岩为主，厚度介于 150～300m。该套烃源岩纹层理非常发育，为滞水环境的产物。该亚段沉积时期，济阳坳陷进入断陷鼎盛期，湖广水深，沉积物平面展布较广，岩相也最为稳定。

3. 沙三中亚段

沙三中亚段也分布于整个济阳坳陷，为一套淡水湖相，岩性以灰色、深灰色巨厚层泥岩为主，在沾化凹陷和车镇凹陷夹有页岩和油泥岩沉积，厚度 200～400m。沙三中亚段与沙三下亚段同为断陷鼎盛期的沉积，沉积时湖水较深，但油页岩总体含量低于沙三下亚段。从沉积结构分析，该套烃源层由底部纹层发育的泥岩向上逐渐演变为块状构造的泥岩，表明湖水分层性逐渐变弱，含氧量逐渐增加。究其原因，可能主要与该沉积期许多大型河流三角洲已经形成，沉积物的形成过程已由加积向进积转变，沉积速率逐渐变快形成的。

4. 沙一段

沙一段烃源岩是断陷—坳陷过渡期形成的一套湖相烃源岩。进入沙二段沉积期以

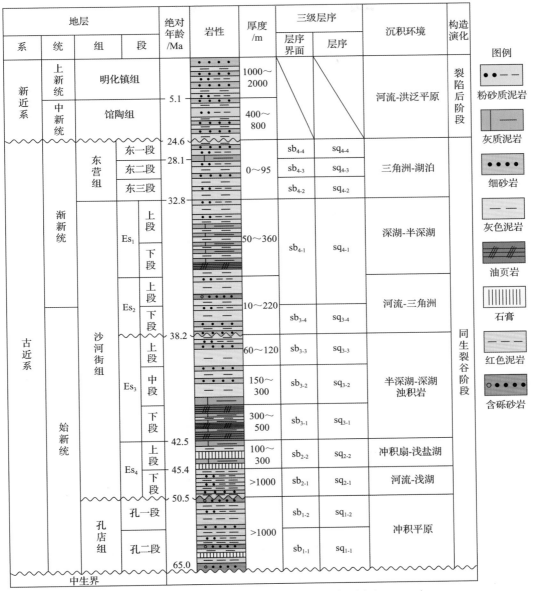

图 2-2 济阳坳陷新生代地层综合柱状图(据马义权,2017)

后,济阳坳陷的最大沉降中心转移到北部地区,因此,车镇凹陷和沾化凹陷平均厚度大于东营凹陷和惠民凹陷。沙一段烃源岩在纵向上主要分布在沙一段下部,为一套半咸水沉积。平面上该套烃源岩分布较广,沉积相较为稳定,其中以沾化凹陷的孤南洼陷、渤南洼陷和埕北凹陷最为发育,厚度介于 50~120m,岩性为一套含颗石藻的纹层泥页岩沉积。通过显微镜观察表明,该层段的页岩纹层极为发育,纹层由富含泥质纹层和钙质纹层组成,纹层厚 0.1~0.5mm。根据沉积特征和所含颗石藻化石特征可知,该套烃源岩形成于闭塞的湖相环境,水体平静,能量弱,因此,在半深湖、浅湖区广泛发育暗色泥岩、油页岩沉积。

第三节　页岩岩相与发育特征

泥页岩不仅是页岩油的烃源岩，也是储集层，所以对泥页岩储层特征的研究对认识页岩油气勘探具有重要意义。由于泥页岩矿物成分复杂、岩相类型多样、结构特征变化大，所以泥页岩的颜色、成分、结构、构造和储集空间等都具有强烈的非均质性。目前国内外研究者采用从宏观到微纳米尺度的各种方法技术，对泥页岩储集空间开展了大量研究，然而针对泥页岩岩相划分的研究相对较少，缺乏统一的分类标准。不同岩相的泥页岩具有不同的性质，在对泥页岩进行储层空间刻画、含油气资源评价及可压裂性评价时，需要对不同岩相进行有效的划分，找出有利岩相，才能更好地指导页岩油气勘探开发工作。

一、页岩岩相划分方法

泥页岩成分复杂，岩相划分方案已有较多报道，但尚未统一。考虑到泥页岩既是烃源岩也是储集层，有机质含量往往具有重要比例，在对泥页岩岩相划分时，需要重视有机质含量的特征。泥页岩的命名也一直存在争议，比如黏土岩、泥岩、页岩、泥质岩等概念并不明确，存在混淆的现象。如果能根据岩石矿物组成进行命名，也许能减少不同概念间的混用现象。此外，从岩心观察发现，部分泥页岩中纹理异常发育，单层纹理的厚度可从小于 1mm 到 60cm 分布。这种岩石构造的特征对泥页岩含油性及可压裂性具有重要影响，在岩相分类时应该给予关注。因此，通常会从有机质含量、岩石构造、无机矿物组成三个方面考虑，采用"四组分三端元"分类方法，对泥页岩层系进行岩相划分。四组分指黏土矿物组分、硅质(或长英质)矿物组分(石英+长石)、钙质矿物组分(碳酸盐)和有机质组分；三端元指黏土质、硅质、钙质。

1. 岩石构造

通过岩心观察和显微镜鉴定，确定层理厚度并划分泥页岩的宏观构造类型。根据纹层发育程度，可将泥页岩分为纹层状、层状和块状。单层厚度 >10mm 为块状，1～10mm 为层状，<1mm 为纹层状。其中纹层状、层状构造的岩石命名为页岩，而块状构造的岩石命名为泥岩。岩石构造分类如图 2-3 所示。

2. 有机质含量

岩石中有机质是油气生成的物质基础，其含量高低对烃源岩评价有着直接影响。只有当岩石中的有机质含量达到一定界限时，才可能生成具有工业价值的油气，成为有效烃源岩。而有机质丰度是评价烃源岩生烃潜力的重要参数。目前常用的有机质丰度指标主要有有机碳含量(TOC)、岩石热解参数 $Pg(S_1+S_2)$、氯仿沥青"A"等。而直接反映油气富集性的参数是 S_1 与氯仿沥青"A"。考虑到碳元素一般占有机质的绝大部分，且含量相对稳定，故残余有机碳(TOC)一直被认为是反映有机质丰度的最好指标，

而 S_1、氯仿沥青 "A" 与 TOC 有良好的相关关系。

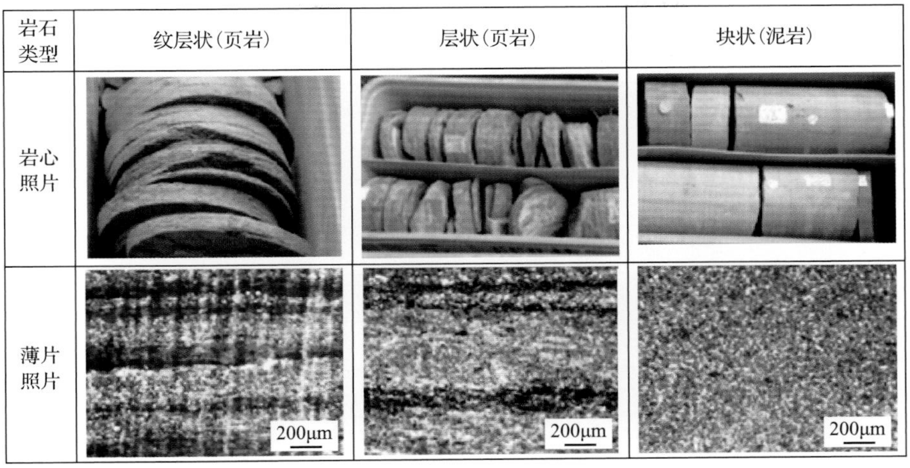

岩石类型	纹层状(页岩)	层状(页岩)	块状(泥岩)
岩心照片			
薄片照片	200μm	200μm	200μm

图 2-3 泥页岩构造类型

卢双舫等(2012a)基于 S_1、氯仿沥青 "A" 与 TOC 的相关性中表现出的 "三分性"，提出了页岩油气资源可分为富集资源(饱和资源)、分散资源(无效资源)、欠饱和资源(低效资源)的分类方法。在岩相划分方法中，有机质特征的评价参照含油特征的三分性评价方法，根据页岩油资源三分性评价中对应的 TOC 含量将泥页岩有机质分为富有机质、含有机质和贫有机质。分类标准如表 2-1 所示，对于沙三下亚段，TOC>2.4% 的泥页岩为富有机质，TOC=1.0%～2.4% 的泥页岩为含有机质，TOC<1.0% 为贫有机质。对于沙四上亚段，TOC>2.0% 的泥页岩为富有机质，TOC=0.7%～2.0% 的泥页岩为含有机质，TOC<0.7% 的泥页岩为贫有机质。

表 2-1 根据有机质含量划分岩相示意表

层位	资源类型	岩相划分	TOC/%	S_1/(mg/g)	氯仿沥青 "A"/%
Es_3^x	Ⅰ	富有机质	>2.4	>5.3	>1.5
	Ⅱ	含有机质	1.0～2.4	0.6～5.3	0.2～1.5
	Ⅲ	贫有机质	<1.0	<0.6	<0.2
Es_4^s纯上	Ⅰ	富有机质	>2.0	>4.5	>1.3
	Ⅱ	含有机质	0.7～2.0	0.8～4.5	0.3～1.3
	Ⅲ	贫有机质	<0.7	<0.8	<0.3

3. 无机矿物组成

通过镜下薄片鉴定和全岩矿物 XRD 分析结果，得到泥页岩的全岩矿物组成。根据黏土矿物、硅质矿物(石英+长石)和钙质矿物(方解石+白云石)的相对含量对泥页岩划分岩相。不同类别的代号和命名及矿物组成如表 2-2 所示。根据矿物组成划分的岩相主要有 7 个, 分别为富泥质泥页岩、富硅质泥页岩、富钙质泥页岩、硅质泥页岩、钙质泥页岩、含泥硅质泥页岩和含泥钙质泥页岩。

表 2-2　依据矿物组成划分岩相

岩相代号	岩相命名	矿物含量/%			备注
		黏土	硅质	钙质	
A1	富泥质泥页岩	>50	<50	<50	
A2	富硅质泥页岩	<50	>50	<50	
A3	富钙质泥页岩	<50	<50	>50	
B1	硅质泥页岩	25~50	25~50	25~50	硅质含量大于钙质
B2	钙质泥页岩	25~50	25~50	25~50	硅质含量小于钙质
C1	含泥硅质泥页岩	<25	25~50	25~50	硅质含量大于钙质
C2	含泥钙质泥页岩	<25	25~50	25~50	硅质含量小于钙质

4. 岩相命名方法

采用有机质特征、岩石宏观构造、矿物组成相结合的方法命名泥页岩的岩相。首先根据岩石构造分为纹层状、层状和块状, 写在岩相命名的最前面。其次根据 TOC 含量定名为富有机质、含有机质和贫有机质, 有机质含量特征写在岩石构造后面。根据岩石矿物组成, 将岩相分为 7 个类别, 写在岩相名字的中间。最后根据岩石构造分类, 若宏观构造为纹层状和层状, 则定名为页岩, 若宏观构造为块状, 则定名为泥岩, 写在岩相名字的最后面。济阳坳陷沙三下亚段和沙四上亚段泥页岩的岩相划分方法分别如图 2-4 和图 2-5 所示。

二、页岩岩相类型

济阳坳陷沙三下亚段和沙四上亚段主要为半深湖到深湖沉积环境, 发育厚层泥页岩。泥页岩主要由黏土矿物、硅质矿物和钙质矿物组成。将 242 个泥页岩样品的 X 射线衍射全岩数据投入三角图中(图 2-6), 发现矿物组分以钙质矿物为轴线, 黏土矿物和硅质矿物分布于轴线两侧, 矿物组分集中分布于三角图的中部和钙质端元区域。

从宏观岩心观察, 发现该区泥页岩岩石构造类型多样, 纹层状、层状和块状泥页岩均有发育, 但主要以层状为主, 纹层状和块状次之。采用"四组分三端元"分类方法对三口重点井樊页 1 井、利页 1 井和牛页 1 井共 242 个泥页岩样品的岩相类型进行统计分析。岩石矿物组成分析显示, 共有 7 个类别的岩相(图 2-7), 以富钙质泥页岩、硅质泥页岩、钙质泥页岩、富泥质泥页岩和含泥钙质泥页岩为主。泥页岩样品有机质含量总体较高, 以富有机质为主(图 2-8), 大约 66.1%的样品为富有机质, 32.2%的样品为含有机质, 而仅有 1.7%的样品为贫有机质。岩石构造总体以层状为主(图 2-10), 在富泥质泥页岩、富钙质泥页岩、钙质泥页岩中构造分布为: 层状>块状>纹层状,

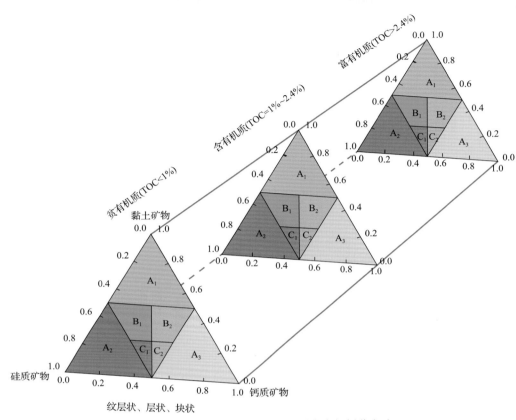

图 2-4 济阳坳陷沙三下亚段泥页岩岩相划分方法

在富硅质泥页岩、硅质泥页岩和含泥钙质泥页岩中构造分布为：层状＞纹层状＞块状。

第四节 页岩沉积有机相

有机相是从成因上认识烃源岩特征和展布的有效手段，现阶段已广泛应用于烃源岩的岩石学特征、烃源岩评价、有机质聚集和保存，以及古沉积环境和古地理等方面（Burwood et al.，1990；Fowler et al.，2004；Lewan et al.，2006）。部分学者在研究的过程中意识到沉积环境对有机质的性质影响较为重要，因而将有机相的概念扩大为沉积有机相（姜文亚和柳飒，2015）。沉积有机相的划分主要有两个目的：一是建立有机质类型、有机质丰度与沉积环境之间的关系；二是确定有机相与原油类型和质量之间的关系。国内外学者（郝芳等，1994；Pepper and Corvi，1995；姚素平等，2009）根据不同的研究区域或目的，提出了多种分类方案，大多数以建立有机质类型与沉积环境之间的关系为原则，以有机显微组分、有机质丰度、有机质类型、氢指数等为划分依据，实现沉积有机相的类型划分。

通过对济阳坳陷沙四上亚段和沙三下亚段的页岩研究发现，底水含氧量是影响研究区页岩发育的最重要因素之一，其不仅影响生物的发育、有机质的形成和保存，还

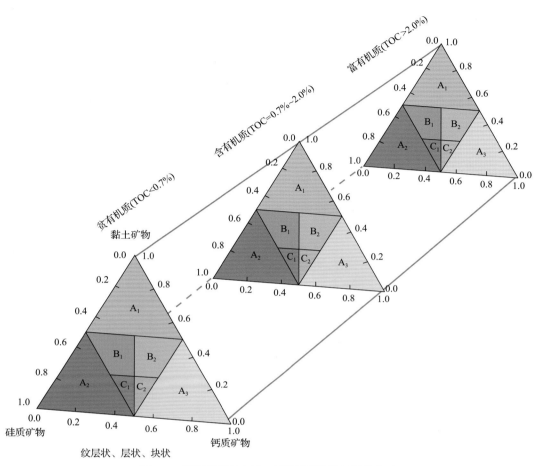

图 2-5　济阳坳陷沙四上亚段泥页岩岩相划分方法

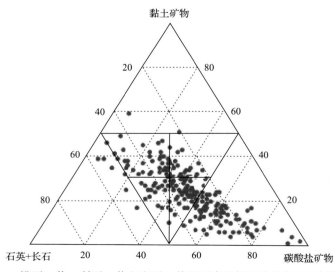

图 2-6　樊页 1 井、利页 1 井和牛页 1 井泥页岩矿物组分分布图(单位：%)

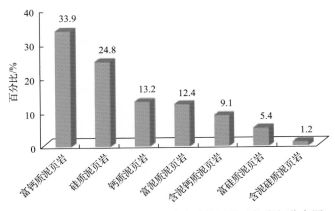

图 2-7 济阳坳陷泥页岩有机质含量特征及矿物岩相分布图

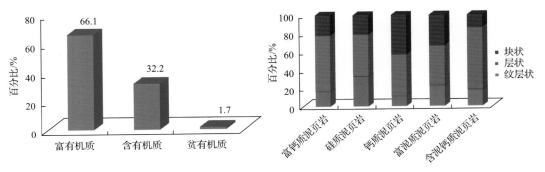

图 2-8 济阳坳陷不同岩相泥页岩样品的岩石构造特征

影响烃源岩的沉积构造、矿物组成等。基于页岩的显微荧光薄片观察可知,随底水含氧量的增加,指示滞水条件的水平纹层理逐渐减弱、增厚,生物扰动逐渐加强,颜色逐渐由还原色变为氧化色,砂、粉砂层逐渐增多,而有机质丰度逐渐降低,类型变差(图 2-9)。因此,本书基于底水含氧量与沉积构造、有机质性质等之间的关系,将济阳坳陷湖相页岩厘定出四种沉积有机相,分别为持续缺氧沉积有机相、短暂充氧沉积有机相、低氧沉积有机相、充氧沉积有机相,不同沉积有机相的主要特征如图 2-9 和图 2-10 所示。

一、沉积有机相类型

1. 持续缺氧沉积有机相

只含深湖相游泳生物和游泳-底栖类(如水底的鱼类),掘穴类和钻孔类底栖生物不能生存,因而生物扰动非常少见,生物扰动级数一般小于 1 级,岩石纹层理非常发育,常具两层式或三层式结构。表明该相带为滞水条件,底水无氧,有时存在硫化氢。烃源岩以富集有机质为主,分散有机质占次要地位,有机质以Ⅰ型和Ⅱ₁型为主,有机质丰度高,多为优质页岩。

2. 短暂充氧沉积有机相

由于氧短暂供应,只能支持短暂的底栖生物发育,使得底栖生物化石开始出现,

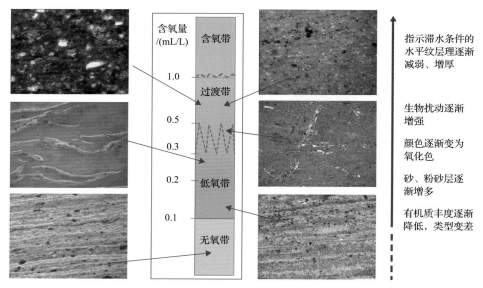

图 2-9　底水含氧量变化对烃源岩特征的影响

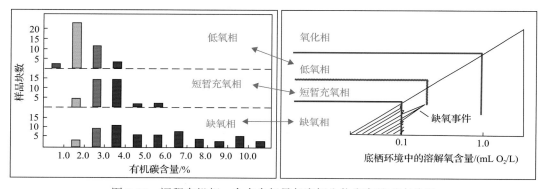

图 2-10　沉积有机相、含水含氧量与底栖生物发育的对应关系

但仅仅局限于岩石中的少数层理面。有时由于存在短暂充氧现象，形成事件化石层，化石会在纹层面非常富集，该有机相纹层较为发育，生物扰动现象一般小于 2～3 级，在垂向上与无氧相交互分布。页岩仍以富集有机质为主，分散有机质占次要地位，有机质以Ⅰ型和Ⅱ型为主，有机质丰度高，具有较高的生烃潜力。

3. 低氧沉积有机相

岩石总体为均一化块状结构，局部存在断续的纹层。底栖种类富集度和化石分异度逐渐升高，广泛发育的生物扰动破坏了纹层，并且底栖生物可以出现在岩石中的任何位置，这表明底水保持持续低氧状态(非间歇性的)，允许底栖宏体动物和能迁移的水底生物长时期居住。烃源岩中有机质以分散有机质为主，陆源有机质的贡献逐渐加大，总有机碳含量一般介于 0.5%～1.5%，有机质类型以Ⅱ$_2$型至Ⅲ型为主，生烃潜力一般。

4. 充氧沉积有机相

由于氧供应充分，底栖生物较为发育，导致有机质保存条件较差，有机质以陆源有机质为主，多形成Ⅲ型干酪根，有机质丰度较低，生烃潜力差。

二、沉积有机相分布特征

1. 济阳坳陷沙四上亚段的沉积有机相

根据沙四上亚段页岩的沉积学、岩石学和有机地球化学特征，结合相应的测井曲线响应特征，对济阳坳陷沙四上亚段页岩的沉积有机相进行划分(图 2-11)。

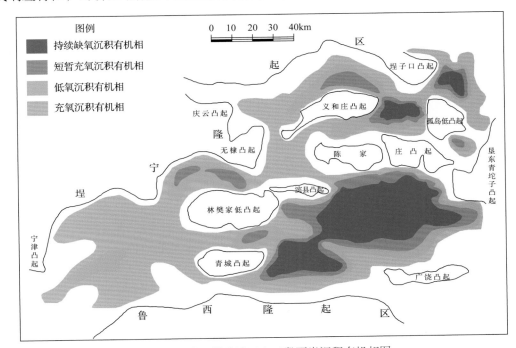

图 2-11　济阳坳陷沙四上亚段页岩沉积有机相图

东南部的东营凹陷，沙四上亚段页岩为咸化湖相沉积，湖水具备永久的分层湖条件，底水含氧量低，沉积有机相以缺氧有机相和短暂充氧有机相为主，形成一套富含有机质的页岩和油页岩沉积，生烃潜力高。平面上分布很广，从南部的广饶凸起，到北部的陈家庄地区都有分布。沾化凹陷东北部的孤北洼陷也具有相似的特征，但分布范围相对小一些。

而沾化凹陷西南部的渤南洼陷形成一套盐湖相-咸化湖相沉积，下部岩性以膏质泥岩和膏质页岩为主，上部以灰质泥岩为主。在盐湖中心地区，湖水存在永久性分层，生烃潜力高。

西部的惠民凹陷的临南洼陷和滋镇洼陷以及车镇凹陷西部的车西洼陷，沙四上亚段主体为一套滨浅湖沉积，岩性以滨浅湖相粉砂质泥岩和泥岩夹少量碳质泥岩为主，底水含氧量高，以氧化相为主，总体评价为一套差至非烃源岩。中部的大王北洼陷、郭局子洼陷、阳信洼陷、流钟洼陷和里则镇洼陷，页岩发育条件介于其东部和西部洼陷之间。北部的大王北洼陷、郭局子洼陷，发育一套盐湖相沉积，页岩特征与渤南洼陷非常相近，纵向上也可分为两段，即富含硬石膏泥岩段和富含碳酸盐岩段。因此，从一定程度上说，沙四上亚段沉积时期尤其是盐湖沉积阶段大王北洼陷、郭局子洼陷与渤南洼陷应属同一个盆地。但二者也存在一定差别，主要表现在大王北洼陷、郭局子洼陷湖水相对较浅，烃源岩发育条件比渤南地区差，总体评价为一套好至较好烃源岩。南部的阳信洼陷，沙四上亚段为一套咸化湖相沉积，与东营凹陷相近，但由于盆地较小，湖水较浅，陆源碎屑颗粒含量较高，烃源岩发育条件相对较差，总体评价为一套好至较好烃源岩。流钟洼陷页岩发育与阳信洼陷相似，里则镇洼陷则略好于阳信洼陷，发育一套好—优质烃源岩。

2. 济阳坳陷沙三下亚段的沉积有机相

沙三下亚段页岩在济阳坳陷各个洼陷均有分布，差异性不大。在洼陷部位，岩性以褐灰色—深灰色页岩与深灰色纹层状—块状泥岩最为常见，二者呈不等厚互层，电阻率曲线表现为束状高电阻率特征，以持续缺氧沉积有机相为主，而其间夹杂的中等电阻率层段，即总体高电阻率中间的低值部分逐渐演变为短暂充氧沉积有机相，局部因沉积环境还原条件变差，夹杂着一定量纹层不发育的泥岩为低氧沉积有机相。从洼陷带向斜坡带，页岩逐渐减少，而泥岩逐渐增多，而视电阻率值也明显下降，有机质丰度逐渐降低，有机相逐渐侧向变化为低氧有机相和充氧有机相。沙三下亚段有机质丰度接近对数正态分布，高值区有明显的拖尾现象。总体来讲，沙三下亚段持续缺氧沉积有机相-短暂充氧沉积有机相优质烃源岩在洼陷带分布范围较广，主要为一套缺氧有机相和短暂充氧有机相优质烃源岩组合(图 2-12)。

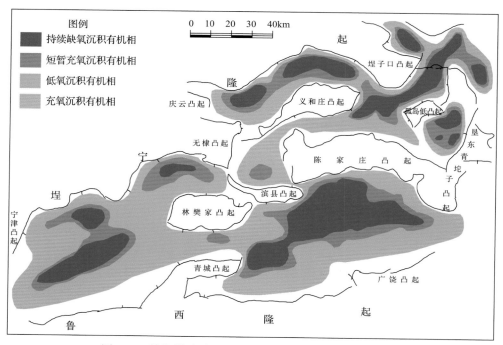

图 2-12　济阳坳陷沙三下亚段烃源岩沉积有机相平面展布

第三章　页岩有机地球化学与页岩油特征

第一节　页岩有机地球化学特征

济阳坳陷是中国东部陆相断陷盆地中油气最为丰富的坳陷之一。进入古近纪以后，盆地进入断陷阶段，开始持续沉降，加之气候温暖潮湿，有多条河流水系向湖泊注入，带来大量营养物质，湖生生物大量生长繁盛，为有机质形成、保存和页岩的发育奠定了基础。本章基于有机地球化学指标，对济阳坳陷沙河街组泥页岩的有机地球化学特征进行分析评价。

一、有机质丰度

泥页岩油气储层属于"源-储-盖"三位一体的地质体，泥页岩油气为自生自储的非常规油气资源。因此，评价泥页岩的生烃潜力非常重要。有机质丰度是评价泥页岩生烃潜力的重要参数，在其他条件相似的前提下，有机质丰度越高，其生烃能力越强，泥页岩可形成工业性油气资源的可能性越大。目前，常用的有机质丰度评价指标主要有总有机碳(TOC)含量、氯仿沥青"A"、总烃(HC)及岩石生烃潜量 Pg(即 S_1+S_2)等。在不同的沉积环境下形成的泥页岩，有机质丰度评价参数不尽相同，本书采用我国行业标准《陆相烃源岩地球化学评价方法》(SY/T 5735—2019)，详见表 3-1。

表 3-1　泥岩和碳酸盐岩有机质丰度评价指标

烃源岩等级	TOC/%	S_1+S_2/(mg/g)	氯仿沥青"A"/%	HC/(μg/g)
非烃源岩	<0.5	<2	<0.05	<200
一般烃源岩	0.5~1	2~6	0.05~0.1	200~500
好烃源岩	1~2	6~20	0.1~0.2	500~1000
优质烃源岩	≥2	≥20	≥0.2	≥1000

本章采用总有机碳(TOC)含量、氯仿沥青"A"含量等指标对济阳坳陷有机质丰度进行评价(表 3-2)。沙四上亚段泥页岩的总有机碳含量为 0.3%~11.2%，主体为 1.5%~6.0%，其中东营凹陷暗色泥页岩有机碳含量最高，一般在 2.0%以上；惠民凹陷最低，有机碳含量均低于 2.0%。沙三下亚段泥页岩的有机碳含量为 0.5%~18.6%，主体为 2.0%~5.0%，各凹陷的有机碳含量均较高。此外，济阳坳陷沙四上亚段泥页岩可溶烃含量分布范围较宽，氯仿沥青"A"含量为 0.01%~2.94%，总烃含量为 0.01~12.31mg/g，其中以东营凹陷泥页岩可溶烃含量最高，平均氯仿沥青"A"含量和总烃含量分别为 0.57%和 2.64mg/g，而惠民凹陷泥页岩可溶烃含量相对较低。对于沙三下亚段泥页岩，

其氯仿沥青"*A*"含量为 0.01%～3.27%，总烃含量为 0.01～12.59mg/g，东营凹陷和沾化凹陷泥页岩中可溶烃含量较高，氯仿沥青"*A*"含量平均在 0.50%以上，总烃含量在 2.0mg/g 以上，惠民凹陷相对较低。总体来看，东营凹陷沙三下亚段和沙四上亚段，沾化凹陷和车镇凹陷的沙三下亚段具有较高的可溶烃含量。

表 3-2　济阳坳陷古近系泥页岩地球化学参数统计

构造名称	层位	总有机碳含量/%	氯仿沥青"*A*"含量/%	总烃含量/(mg/g)
东营凹陷	沙四上亚段	0.50～11.20	0.01～2.94(0.57)	0.01～15.31(2.64)
	沙三下亚段	0.50～18.60	0.01～3.27(0.88)	0.01～12.59(2.09)
沾化凹陷	沙四上亚段	0.50～4.20	0.01～1.38(0.38)	0.01～7.37(1.62)
	沙三下亚段	0.50～9.30	0.01～3.23(0.60)	0.01～13.12(2.64)
车镇凹陷	沙四上亚段	0.50～5.88	0.02～0.33(0.23)	0.08～4.32(1.42)
	沙三下亚段	0.50～15.50	0.01～0.95(0.44)	0.01～3.83(2.13)
惠民凹陷	沙四上亚段	0.30～1.88	0.01～1.84(0.18)	0.01～9.40(0.23)
	沙三下亚段	0.50～5.24	0.01～1.15(0.26)	0.01～8.31(0.66)

注：括号内为平均值。

以东营凹陷和沾化凹陷为例，分别以凹陷、层位、井位为研究对象，统计频率分布直方图及参数表，基于有机质丰度评价指标对济阳坳陷源岩有机质丰度进行评价(图 3-1)。

评价结果显示，济阳坳陷泥页岩 90%以上达到了"好烃源岩"的标准，其中，以 TOC 分布来看，"优质烃源岩"所占比例达到 70%左右，生烃势分布显示"优质烃源岩"所占比例约为 40%，直接证实了优越的泥页岩生烃潜力。就两个凹陷来说，东营凹陷和沾化凹陷泥页岩有机质丰度相差不大，沾化凹陷的 TOC 和生烃势略高于东营凹陷，其 TOC 平均值接近 3%，平均生烃势均超过 16mg/g。就沙三下亚段和沙四上亚段两个层段来说，沙三下亚段 TOC 平均约为 3.17%，生烃势平均值为 19.4mg/g，其有机质丰度明显高于沙四上亚段，其原因是沉积环境及物源的差异。前已述及，沙四上亚段沉积时期湖盆没有形成，为干旱-半干旱的浅水沉积体系；而沙三下亚段时湖盆较大，水

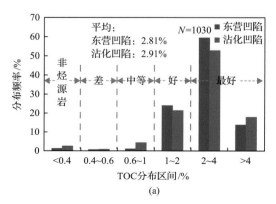

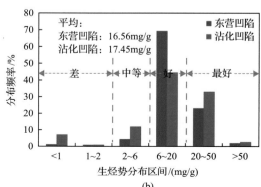

(a)　　　　　　　　　　　　　　(b)

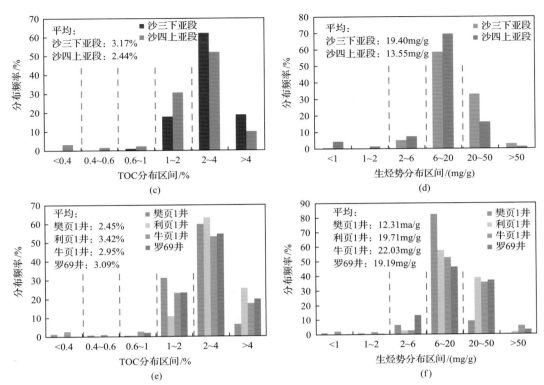

图 3-1 不同凹陷[(a)、(b)]、层位[(c)、(d)]和井位[(e)、(f)]的 TOC 及生烃势分布频率直方图

体较深，为深湖-半深湖沉积体系，气候湿润，生物繁盛，有充足的有机质来源及较好的保存条件（朱光有和金强，2002；王永诗等，2003；李政等，2015；刘雅利等，2021）。就四口页岩油重点探井而言，以利页 1 井和牛页 1 井的有机质丰度最高，罗 69 井其次，樊页 1 井有机质丰度最低。与北美含气页岩有机碳含量对比可见（图 3-2），济阳坳陷三套页岩有机碳含量较高，有机碳含量高值和平均值与北美地区含气页岩具有较好的可比性。

二、有机质成熟度

泥页岩中有机质是油气生成的物质基础，但只有有机质达到一定的成熟度才能开始大量生烃。成熟度表示沉积有机质向石油转化的热演化程度，是评价一个地区或某一烃生油层系生烃量及资源前景的重要依据（黄第藩等，1984；卢双舫和张敏，2018）。在成岩后生演化过程中，泥页岩有机质的许多物理、化学性质都发生了相应的变化，并且这一过程是不可逆的，因而可以运用有机质的某些物理性质和组成的变化特点来判断有机质热演化程度，划分有机质演化阶段。为了判断有机质是否达到成熟阶段，是否开始大量生成石油，各国石油地质学家提出了诸多衡量有机质成熟度的指标，如镜质组反射率（R_o）、岩石热解最高峰温（T_{max}）、正构烷烃分布特征、有机质热变指数和生物标志物组成特征等，这些指标均可以用来判断有机质向石油转化的热演化程度（Lo，

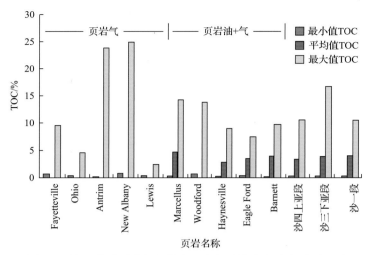

图 3-2　济阳坳陷页岩与北美主要含气页岩有机碳含量对比图

1993)。本书采用镜质组反射率和岩石热解最高峰温对济阳坳陷页岩有机质成熟度进行评价。

1. 干酪根镜质组反射率

有机质演化的光学标志是在显微组分鉴定的基础上，测定能反映有机质化学结构和化学成分变化的旋光性特征。其中，R_o 是反映有机质热演化程度最重要的旋光性标志之一，被认为是研究干酪根热演化和成熟度的最佳参数之一。在古地温和地层受热时间正常演化的情况下，R_o 的变化主要取决于地层埋藏深度，随埋藏深度增加，R_o 值有规律地增大。因此，可以根据泥页岩 R_o 对有机质的演化及烃类形成阶段进行划分。胡见义等（1991）主要根据 R_o 的分布特征将烃源岩演化阶段划分为未成熟阶段、成熟阶段和过成熟阶段，各阶段所对应的 R_o 值范围分别为：$R_o<0.5\%$（未成熟阶段），$R_o=0.5\%\sim$ 2.0%（属于成熟阶段，其中 0.5%～0.7% 为低成熟阶段、0.7%～1.3% 为成熟阶段、1.3%～2.0% 为高成熟阶段）；$R_o>2.0\%$（过成熟阶段）。

根据对济阳坳陷 732 块样品的 R_o 数据统计，发现济阳坳陷沙三段和沙四上亚段泥页岩的成熟度范围较宽，R_o 为 0.35%～1.46%，表现出较强的一致性，均随埋深的增加，R_o 增大（图 3-3）。整体上看，R_o 演化曲线呈现出一定的阶段性。页岩埋深小于 3000m，R_o 呈缓慢增加的趋势；埋深达到 3000m，R_o 达到 0.5% 左右；其后，R_o 增加速率加快，至埋深 4000m 左右，R_o 值增至 0.8%～1.0%。R_o 的快速增加反映了干酪根化学结构的变化随埋深的增加而增大。以 $R_o=0.5\%$ 为成熟门限，$R_o=1.3\%$ 为高成熟门限，济阳坳陷沙四上亚段埋藏深度范围在 1600～4600m，主体为 2000～4000m；沙三下亚段页岩埋深范围在 1600～4200m，主体为 2000～3800m，大部分地区沙四上亚段和沙三下亚段泥页岩已进入成熟演化阶段，中部深埋的局部地区进入高成熟演化阶段（图 3-4）。从平面分布可以看出，济阳坳陷这两个层段泥页岩大部分处于成熟生油窗范围内，仅局部地区 R_o 达到 1.3% 以上（图 3-5）。

　　与北美含气页岩实测 R_o 相比较来看（图 3-6），济阳坳陷沙三下亚段、沙四上亚段页岩低于北美地区含油气页岩，其中，沙三下亚段页岩实测 R_o 最高为 0.87%，与埋藏较浅的泥盆系 Antrim、Ohio、New Albany 低产气页岩及 Barnett、Eagle Ford 和 Marcellus 产油页岩的成熟度相当，低于其他页岩气系统，沙四上亚段页岩略高，与 Barnett、Eagle Ford、Woodford 页岩具有叠合的部分（朱光有和金强，2003；Wang et al.，2015a）。沙一段页岩 R_o 较低，一般小于 0.5%，低于北美地区含油页岩的热演化程度，由此可见，济阳坳陷沙三下亚段、沙四上亚段页岩为近期济阳坳陷有利的页岩油气勘探层系，沙一段页岩有机质成熟度相对较低。

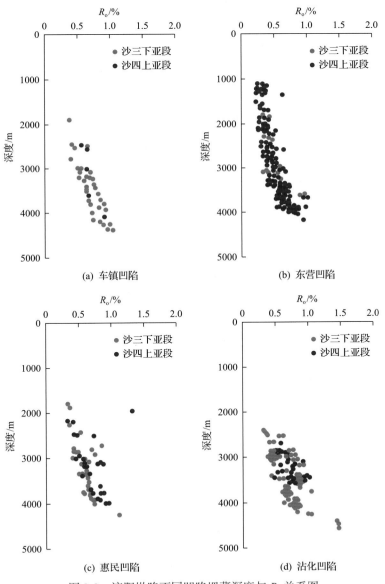

图 3-3　济阳坳陷不同凹陷埋藏深度与 R_o 关系图

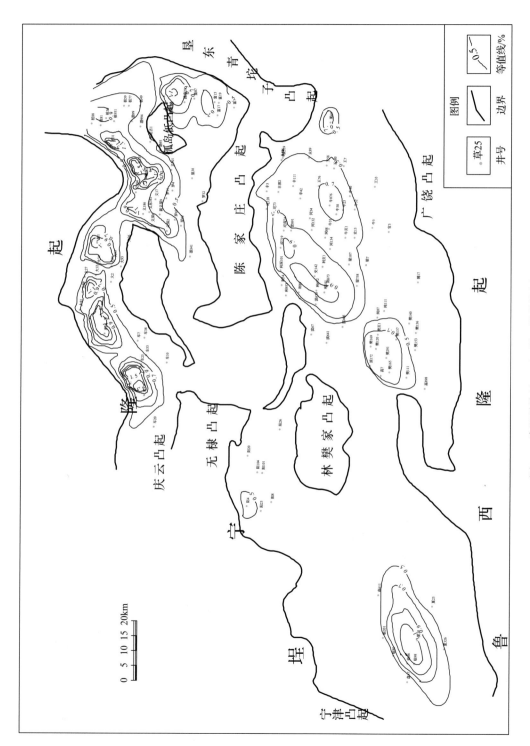

图3-4 济阳坳陷沙三下亚段R_o等值线图

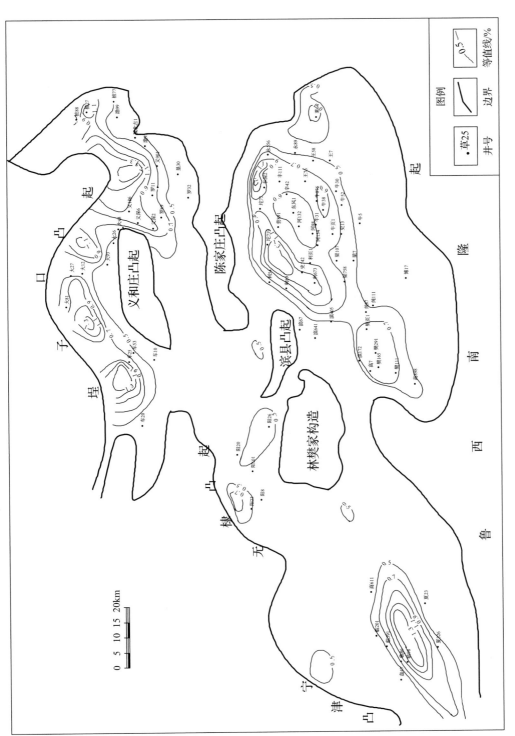

图3-5 济阳坳陷沙四上亚段R_o等值线图

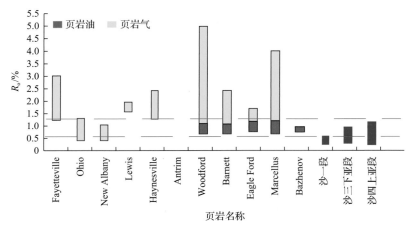

图 3-6　济阳坳陷页岩实测 R_o 与含油气页岩北美页岩对比图

2. 岩石热解最高峰温度

T_{max} 随有机质热演化程度的增加而增加。根据中国陆相烃源岩有机质成烃演化阶段划分及判别指标，认为未成熟阶段的 T_{max} 低于435℃，低成熟阶段的 T_{max} 为435～440℃，成熟阶段的 T_{max} 为440～450℃；高成熟阶段的 T_{max} 为450～580℃，过成熟阶段的 T_{max} ＞580℃（王铁冠等，1994；蔡进功等，2007）。

以济阳坳陷东营凹陷和沾化凹陷为例，分别取沙三下亚段和沙四上亚段泥页岩样品，岩石热解峰温 T_{max} 数据显示（图 3-7），沾化凹陷沙三下亚段泥页岩 T_{max} 分布较窄，介于 424～448℃（平均 440℃），主体分布在 435～450℃，为低熟到成熟度阶段，未见高熟阶段有机质。相比之下，东营凹陷泥页岩 T_{max} 分布较宽，沙三下亚段有机质 T_{max} 介于431～457℃，平均约为446℃；沙四上亚段 T_{max} 介于 384～481℃，平均约为442℃。从 T_{max} 指标来看，东营凹陷沙三下亚段和沙四上亚段有机质均为成熟阶段。

三、有机质类型

不同来源、不同组成的有机质生烃潜力具有很大差别，要客观地认识泥页岩的成烃能力和性质，仅仅评价有机质丰度是不够的，还有必要对有机质的类型进行评价。有机质类型是影响油气生成的重要因素之一，不同类型母质生成烃类的性质也不同，在其他条件相同或相似的条件下，藻类和腐泥母质生成环烷烃或石蜡环烷烃石油，其生烃期长、生油带厚、生气量少；而高等植物等腐殖型母质则恰好相反，生成石蜡基或芳香族石油，其生烃期短、生油带薄、生气量大并有凝析油生成。由此可见，一定数量的有机质是成烃的物质基础，而有机质的质量，即母质类型的好坏，则决定着生烃量的大小及生成烃类的性质和组成（黄第藩和李晋超，1987；黄第藩等，2003）。

有机质类型是反映有机质来源和化学组成的重要指标，也是划分有机相的关键，对有机质类型的评价，应着眼于生烃能力和有机质富氢组分的多少。目前，划分有机质类型的方法很多，常用的方法主要包括有机显微组分分析、生油岩热解分析、元素组成分析等。有机显微组分分析主要是根据有机显微组分的光学特征和成因特征，将

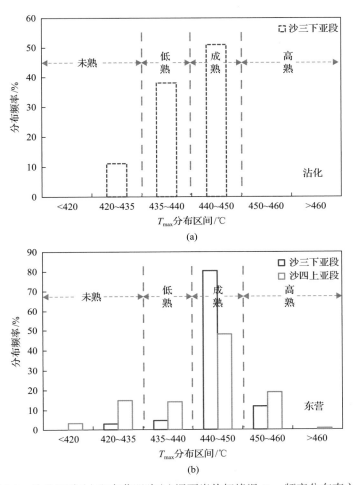

图 3-7　沾化凹陷(a)和东营凹陷(b)泥页岩热解峰温 T_{max} 频率分布直方图

有机质划分为多种类型。依据不同显微组分所占的百分含量，可将干酪根划分为Ⅰ型(腐泥型)、Ⅱ₁型(腐殖-腐泥型)、Ⅱ₂型(腐泥-腐殖型)和Ⅲ型(腐殖型)，即"三类四分法"。采用岩石热解分析的方法来划分有机质类型，主要涉及的参数包括氢指数(HI)、氧指数(Io)、最高热解峰温(T_{max})等(王铁冠等，1994；傅家谟和秦匡宗，1995)。

1. 有机显微组分类型指数法

有机显微组分的组成及分布与沉积环境和沉积相存在着紧密的联系。沉积环境的氧化还原条件、水动力条件、陆源物质的输入都是影响有机质形成和保存的重要条件。研究这些条件有助于揭示影响富有机质页岩形成的因素，对于页岩展布的预测具有一定的指导意义。传统的陆源碎屑岩有机显微组分鉴定方法，主要采用干酪根薄片进行鉴定。这种方法首先必须对干酪根进行富集和提纯。由于富集过程中部分类脂组分会遭受破坏或损失，而且有些矿物也很难完全去除，因此对镜下鉴定结果会产生一定的影响。后来，部分学者又借鉴煤岩学的研究方法，开发了全岩光片显微组分鉴定方法。两者结合，使有机显微组分鉴定结果更加客观。有机显微组分鉴定主要包括以下三个

方面:

1)镜质组和惰质组

这两种组分主要源于高等植物,属于外源组分。镜下一般为块状或条带状,一般缺少荧光或具弱的荧光,但具有中等至强的反射。该类组分主要见于低位体系域和高位体系域的块状泥岩或粉砂质泥岩中,通常可占有形态组分的 5%～50%,而在湖侵体系域的优质页岩中,含量较低,一般小于 5%。这两类组分生烃能力较弱。

2)壳质组

壳质组分主要包括源于高等植物的孢子和花粉以及少量的角质体组分,也属于外源组分。其中孢子和粉胞壁较厚,多具较强的荧光,而角质体具有典型的高等植物表皮结构,因此很容易与其他组分相区别。壳质组分在区内页岩中属于次要组分,含量一般在 5%～10%以下,多分布在滨岸浅水带,以高位体系域最为常见。前述几种显微组分在页岩中多呈分散状分布,偶尔在一些层面上镜质组有少量的富集。

3)腐泥组

腐泥组主要源于低等的水生生物,主要包括无定形和藻质体两类,属于内源组分。腐泥组是区内最为常见的组分,在沙四上亚段和沙三下亚段高丰度页岩中,相对含量一般达 90%～95%以上,对于低位体系域和高位体系域的页岩,其相对含量虽有一定程度的降低,但一般仍高于 50%。这些均表明腐泥组分是济阳坳陷主要的生烃母质。腐泥组分富集最明显的岩石学证据是富有机质纹层的存在,显示湖泊环境中可能经常存在藻类勃发现象。

根据干酪根中各显微组分的相对含量,采用干酪根类型指数(T 值)将干酪根划分为 Ⅰ 型($T>80$)、Ⅱ$_1$ 型($T=40～80$)、Ⅱ$_2$ 型($T=0～40$)和Ⅲ型($T<0$)。T 值的计算采用组分百分含量加权的方法,如下:

$$T=(腐泥组\times100+壳质组\times50-镜质组\times75-惰性组\times100)/100$$

计算结果表明,沙三中亚段(Es_3^z)泥页岩干酪根类型指数(T 值)为$-5.5～100$,平均为 86.38;沙三下亚段(Es_3^x)的干酪根类型指数(T 值)为 39～98.5,平均为 87.32;沙四上亚段(Es_4^s)的干酪根类型指数为$-68～98.9$,平均为 73.09。三个亚段泥页岩 T 值都很高,即有机质类型好,总体上以 Ⅰ 型为主,Ⅱ$_1$ 型次之。Es_3^x 亚段泥页岩的 Ⅰ 型干酪根所占比例最高,Es_3^z 次之(图 3-8,表 3-3)。

表 3-3　济阳坳陷泥页岩干酪根类型指数表

层位/构造单元		最小值	最大值	平均值	数据个数
层位	Es_3^z	−5.5	100	86.38	76
	Es_3^x	39	98.5	87.32	40
	Es_4^s	−68	98.9	73.09	113
整体	济阳坳陷	−68	100	79.99	229

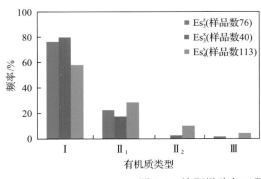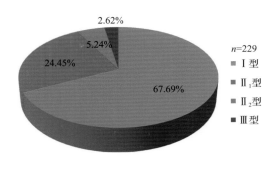

图 3-8　济阳坳陷各亚段及总体干酪根类型分布图

2. 氢指数-热解峰温法

岩石热解中的氢指数(HI)和最高热解峰温(T_{max})是确定有机质类型较常用的参数，本节运用 HI-T_{max} 关系图划分有机质类型。热解实验相对简单易于操作，且油田上普遍具有较多的分析数据，为泥页岩有机质类型判断提供了充足的数据支撑。图 3-9 为根据氢指数-热解峰温法分析的不同凹陷、层段、井位泥页岩有机质类型及其分布频率图(数据为中国石化胜利油田研究院提供)，可以看出：①东营凹陷和沾化凹陷沙三下亚段和沙四上亚段泥页岩有机质类型较为接近,均以Ⅱ₁型为主(占50%～60%)，Ⅰ型和Ⅱ₂型次之(各占 20%左右)，同时含少量的Ⅲ型有机质(5%左右)。②不同层位有机质类型分布存在差异性，沙三下亚段泥页岩有机质以Ⅱ₁型(近 70%)和Ⅰ型(约 20%)为主，而沙四上亚段有机质类型则以Ⅱ₁型(约 50%)和Ⅱ₂型(约 30%)为主，且该段的Ⅰ型有机质泥页岩主要源于牛页 1 井。综合来看，沙三下段有机质类型优于沙四上段。③不同探井之间有机质类型略有差异。各井的泥页岩有机质类型均以Ⅱ₁为主，其中以樊页 1 井Ⅱ₁有机质所占比例最高(75%)，牛页 1 井、利页 1 井和罗 69 井Ⅱ₁型有机质各自约占 50%。与其他井位相比，利页 1 井Ⅱ₂型有机质比例相对较高，约占 50%。

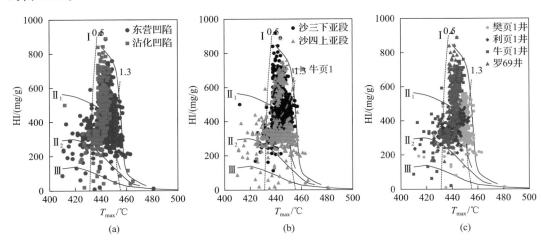

(a)　　　　　　　　　　(b)　　　　　　　　　　(c)

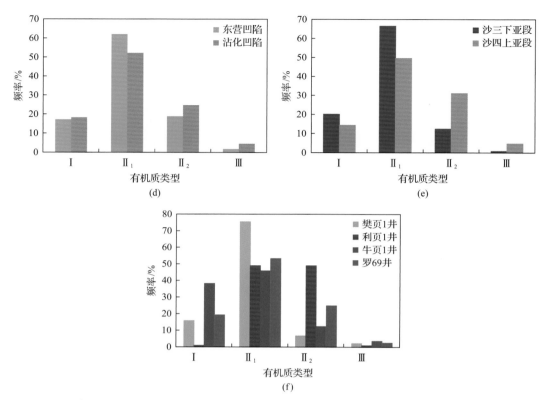

图 3-9　济阳坳陷不同凹陷［(a)、(d)］、层位［(b)、(e)］和井位［(c)、(f)］泥页岩有机质类型及其分布频率图

第二节　页岩油资源分级标准

理论上讲，页岩油气资源的分级应该基于油气的富集程度和可采性，但由于油气的(经济)可采性与技术、油价等有关，且富集程度是(经济)可采性的基础和前提，因此，将油气的富集性作为资源分级评价的第一评价要素。直接反映页岩含油量的地球化学指标首推氯仿沥青"A"含量和热解烃量(S_1)。但由于干酪根不仅是生成油气的主要介质，也是吸附油气的主要介质，所以卢双舫等(2012a)将反映干酪根含量最直观、有效的指标 TOC 值和上述两项指标结合，在大量研究工作的基础上提出了页岩油气评价划分标准，根据页岩的地球化学特征将其分为三级，对页岩油进行分级评价。

烃源岩分级评价标准的建立主要依托于热解烃量 S_1(或氯仿沥青"A"含量)随 TOC 的增大表现出明显的三段性特征。当 TOC 较高时，S_1 为相对稳定的高值；当 TOC 较低时，S_1 保持稳定低值；当 TOC 介于某个特定高值和低值之间时，S_1 则呈现明显的上升趋势。前人研究认为：①稳定高值段表明当有机质的丰度达到一定的临界值时，所生成的油量总体上已能够满足页岩各种形式的残留需要，丰度更高时页岩含油量达到饱和，多余的油被排出。显然，这类页岩的含油量最为丰富，是近期页岩油评价和勘探最现实的对象，称之为富集资源，或者饱和资源（Ⅰ级资源）。②在稳定低值段，由于有机质丰度低，生成的油量还难以满足页岩自身残留的需要，因此含油量还很低。这类页岩近期不宜开采，由于其油量少且分散，以游离态分布于烃源岩孔隙中或吸附于有机质表面，也许永远也难以被经济有效地开发，故称之为分散资源，或者无效资源（Ⅲ级资源）。③介于其间的上升段的页岩含油量居中，待未来技术进一步发展后才有望成为开发对象，称之为低效资源（Ⅱ级资源）（卢双舫等，2012a；黄文彪等，2014；薛海涛，2015）。

基于上述页岩油分级评价方法思路，将济阳坳陷沙三下亚段和沙四上亚段泥页岩的总有机碳含量与氯仿沥青"A"含量、总有机碳含量与溶解烃含量（S_1）建立分级评价图版（图 3-10）。对于已进入成熟演化阶段的泥页岩，在相同总有机碳含量的情况下，可溶烃含量高于低成熟演化阶段的泥页岩。从成熟阶段（R_o 为 0.5%～1.3%）泥页岩总有机碳含量与溶解烃含量、氯仿沥青"A"含量的包络线关系来看，溶解烃含量、氯仿沥青"A"含量随总有机碳含量的增加可明显分为三段（图 3-10）：以济阳坳陷沙四上亚段为例，当总有机碳含量低于 0.7%时和高于 2.0%时，溶解烃含量、氯仿沥青"A"含量呈缓慢上升趋势；当总有机碳含量为 0.7%～2.0%时，溶解烃含量、氯仿沥青"A"含量呈快速上升趋势，总有机碳含量为 2.0%对应的溶解烃含量和氯仿沥青"A"含量包络线中值为低效资源与富集资源的界限，划分济阳坳陷页岩油分级评价标准，其中稳定缓慢上升低值段为总有机碳含量小于 0.7%、溶解烃含量小于 0.8mg/g，氯仿沥青"A"含量小于 0.3%，表明页岩中总有机质含量低，含油少，强吸附，欠饱和，难以开发，为分散资源，为Ⅲ级页岩油资源；快速上升段为总有机碳含量 0.7%～2.0%、溶解烃含量 0.8～4.5mg/g、氯仿沥青"A"含量 0.3%～1.3%，表明页岩中有机质含量和含油量快速增加，有待技术进步，或者与富集资源一起作为开发对象，为低效资源或潜在资源，属于Ⅱ级页岩油资源；稳定缓慢上升高值段为总有机碳含量大于 2.0%、溶解烃含量大于 4.5mg/g、氯仿沥青"A"含量大于 1.3%，表现为含油饱和，并已排出，为富集资源或饱和资源，属于Ⅰ级页岩油资源，这是目前页岩油气首选的勘探对象。

据图 3-10 划分的济阳坳陷页岩油分级评价标准，沙四上亚段和沙三下亚段，沾化凹陷和车镇凹陷的沙三下亚段泥页岩均达到富集资源的标准，具有较好的页岩油勘探前景，是页岩油有利的勘探目标。

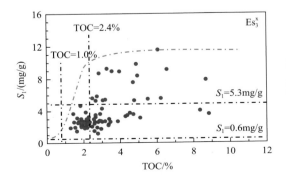
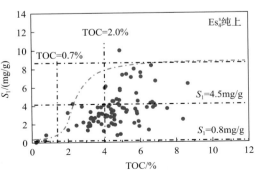

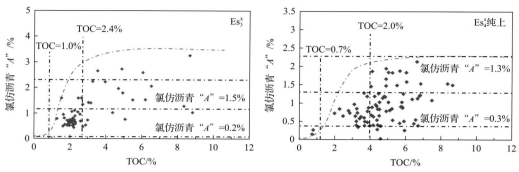

图 3-10　济阳坳陷沙三下亚段、沙四上亚段泥页岩总有机碳含量与 S_1 和氯仿沥青 "A" 的关系

第三节　页岩油的性质

前已述及，研究区目的层段具有较好页岩油形成条件，包括高有机质丰度、优有机质类型以及成熟的演化环境等。至于页岩油在地层中能否有效流动、可流动量多少，除了与页岩自身的孔喉大小、结构、分布、连通性有关之外，还与液固相互作用及油在储层中的赋存状态和机理(如吸附、游离、溶解等)有关，这又进一步与页岩油的物理性质(如黏度、密度)、组分等有关(张金川等，2012)。因此，本节基于页岩油常规物性资料分析，结合页岩油的族组成及气油比等特征对济阳坳陷页岩油性质进行研究，以期揭示勘探开发中难以取得实质性重要突破的内在原因及可能的改善、突破方向。

一、页岩油物理性质

济阳坳陷沙三下亚段页岩油气主埋藏深度在 2928.0～3508.3m (表 3-4)，原油密度为 0.8530～0.9154g/cm³，黏度为 5.29～352mPa·s，含蜡量在 0.10%～1.12%，含硫量在 0.15%～0.21%，基于原油物性分类标准可知，主要为低硫、低蜡的正常原油(表 3-5)；沙四上亚段已发现页岩油气流埋深在 2872.0～4448.0m，地面原油密度在 0.7450～0.9380g/cm³，黏度在 0.82～147mPa·s，分布范围较宽，既有轻质油、正常原油，同时也有重质油的产出，含蜡量在 0.08%～0.88%，含硫量在 0.10%～0.30%，均为低蜡、低硫原油。

表 3-4　页岩油原油物性统计表

层位	起始深度/m	密度/(g/cm³)	黏度/(mPa·s)	含蜡量/%	含硫量/%
沙三下亚段	2928.0～3508.3	0.8530～0.9154	5.29～352	0.10～1.12	0.15～0.21
沙四上亚段	2872.0～4448.0	0.7450～0.9380	0.82～147	0.08～0.88	0.10～0.30

表 3-5　原油物性分类标准 (黄第藩等，2003)

油类型	密度/(g/cm³)	含蜡量/%		含硫量/%	
轻质油	小于 0.80	低蜡原油	小于 5	低硫原油	小于 0.5
正常原油	0.80～0.934	中蜡原油	5～10	中硫原油	0.5～1.0
重质油	大于 0.934	高蜡原油	10～25	高硫原油	大于 1.0

随着热演化程度的增加，干酪根及可溶有机大分子不断发生化学键断裂，从而导致分子量不断减小，故随着热演化程度提高，所形成原油的分子量逐渐减小，对应所生成原油的物性也发生相应变化，从高黏度、高密度的重质油逐渐转变为低黏度、低密度的轻质油。从沙三下亚段和沙四上亚段页岩油密度与黏度随埋深的关系来看（图 3-11、图 3-12），呈现出密度和黏度均随埋深的增加而降低的特征，即由埋藏较浅的重质油转化为正常油，至埋藏较深的轻质油，从密度与黏度的关系来看（图 3-13），二者呈较好的正相关性。

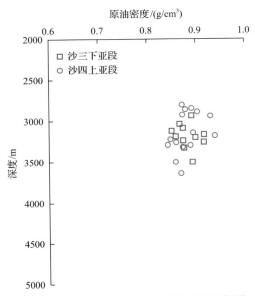

图 3-11　济阳坳陷页岩油密度随埋深变化图

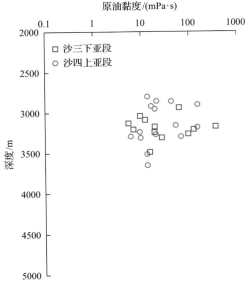

图 3-12　济阳坳陷页岩油黏度随埋深变化图

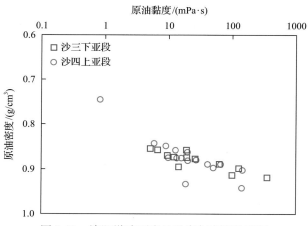

图 3-13 济阳坳陷页岩油黏度与密度关系图

二、页岩油族组成特征

原油组成是影响页岩油开采的重要因素之一，对于低孔、低渗的致密泥页岩储层，低密度/黏度的轻质原油更容易被采出。济阳坳陷沙三下亚段和沙四上亚段页岩油组分以饱和烃为主，非烃其次，沥青质含量最少。此处对不同凹陷、层段、井位的泥页岩的含油性对比分析，页岩油组分分布范围统计结果详细见表3-6。首先，东营凹陷的含油组分明显轻于沾化凹陷（图 3-14），表现为饱和烃相对较高（东营凹陷为 52.23%，沾化凹陷为41.53%），沥青质含量较低（东营凹陷为 6.39%，沾化凹陷为12.47%）。其次，受成熟度控制，与沙四上亚段相比，沙三下亚段页岩油组分偏重，表现为饱和烃含量相对较低，芳香烃、非烃及沥青质含量相对较高。

表 3-6 研究区泥页岩油组分参数统计表

参数分项		族组分特征			
		饱和烃含量/%	芳香烃含量/%	非烃含量/%	沥青质含量/%
凹陷	沾化凹陷	22.9~51.3 (42.03)	19.6~26.3 (23.06)	19.6~32.6 (23.5)	4.0~18.5 (12.62)
	东营凹陷	10.6~75.7 (51.12)	4.7~25.7 (15.8)	4.9~68.5 (22.98)	0.3~46.4 (6.14)
层位	沙三下亚段	19.0~73.9 (48.2)	6.4~26.3 (17.13)	7.0~40.1 (23.76)	0.3~46.4 (7.76)
	沙四上亚段	10.6~75.7 (53.72)	4.7~24.3 (14.74)	4.9~68.5 (22.21)	0.61~25 (4.75)
重点井位	樊页1井	19.0~70.6 (50.18)	8.4~25.7 (18.07)	13.2~40.1 (24.75)	0.6~22.6 (6.71)
	利页1井	19.6~75.7 (54.75)	5.1~16.3 (10.63)	4.9~28.9 (14.82)	0.3~46.4 (8.34)
	牛页1井	10.6~63.8 (49.11)	4.7~23.7 (16.81)	17.6~68.5 (28.15)	0.6~11.7 (2.67)

注：括号内为平均值。

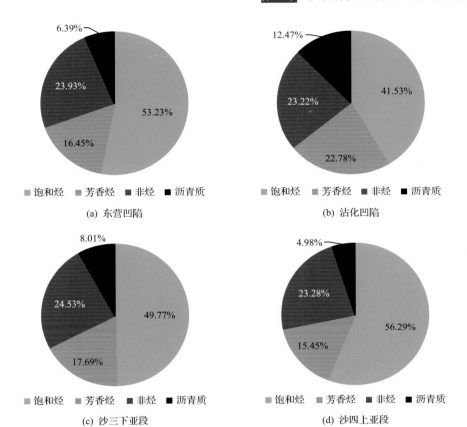

图 3-14 不同凹陷[(a)、(b)]、层位[(c)、(d)]泥页岩页岩油组分相对含量饼状图

第四章　页岩油资源评价方法及关键技术

第一节　资源评价方法优选

页岩油资源量为泥页岩储层中所包含的页岩油总量，其计算方法大体上分为两类：动态评价法和静态评价法，前者利用油藏开发过程中的动态参数通过数值模拟、递减法和物质平衡等方法计算页岩油资源量；后者则利用一些静态参数计算总页岩油资源量，由于计算方式不同，又可细分为类比法、统计法和成因法等（王民等，2014；Wright et al.，2015；卢双舫等，2016a；陈国辉，2017）。

动态法主要是单井动态储量法，单井（动态）储量估算法由美国 Advanced Resources Informational（ARI）提出，核心是以 1 口井控制的范围为最小估算单元，把评价区划分成若干最小估算单元，通过对每个最小估算单元的储量计算，得到整个评价区的资源量数据。其主要流程为：①综合利用评价区早期生产数据，尽可能准确圈定页岩油气边界，确定评价范围；②综合生产数据、储层性质和致密地层标准曲线模型，建立经过严格分析的单井排泄范围，确定最小估算单元；③依据有关页岩油气藏特征数据，结合页岩油气井生产动态，建立综合性的、精确的单井储量模型，确定单井储量规模；④根据勘探实践，确定钻探成功率；⑤通过上述 4 个工作环节，可以估算出每个评价单元及整个评价区的资源前景。

静态评价法中类比法通常是对勘探程度较低的地区采用的一种评价方法，需要以一个勘探程度较高的地区作为类比区，基于生产井最终可采储量（estimated ultimate recovery，EUR）作为参照，包括美国地质调查局（U.S. Geological Survey，USGS）的 FORSPAN 模型及其改进方法（Schmoker，2002；Salazar et al.，2010）。2010 年，在加拿大卡尔加里举办了第三届国际油气资源评价方法研讨会上，埃克森美孚公司的 Hood 使用该方法对连续型油气分布的油藏进行了精准评价。

统计法又细分为小面元容积法和随机模拟法，是根据体系自身已经确知的变化规律，建立相关数学模型去推测未来的变化过程。其中，小面元容积法是国际能源署（EIA）等常采用的方法。2011 年，Almanza 采用该方法对 Williston 盆地 Elm Coulee 油田 Bakken 组致密油评价。Olea 等（2010）在总结了传统的类比法的缺点之后，提出随机模拟法。谌卓恒和 Osadetz（2013）采用随机模拟方法对加拿大西部沉积盆地上白垩统 Colorado 群 Cardium 组致密油资源量进行评价，致密油总地质资源量为 29 亿 m^3。

成因法的计算过程体现了油气生成、运移、聚集成藏的原则，通过对烃源岩中烃类的生成量、吸附量、排出量、损失量等计算，确定油气最终阶段的残余量。成因法具体又分为体积法、物质平衡法等。体积法计算页岩油资源量的原理简单，通过评价页岩中残留烃含量乘以页岩体积得到页岩油资源量，是目前最为有效适用的方法，也是中国页岩油勘探阶段最常用的方法。卢双舫等(2016a)、朱日房等(2019)、杨华等(2013)、柳波等(2013，2014)采用体积法评价了大民屯凹陷、渤海湾盆地东营凹陷、鄂尔多斯盆地、三塘湖盆地马朗凹陷、松辽盆地青山口组的页岩油资源量。物质平衡法通过地球化学参数重点计算出生烃量、排烃量、散失烃量等，从而获得最终资源量。Chen 等(2020)采用该方法评价了吉木萨尔坳陷芦草沟组页岩/致密油资源量。然而，物质平衡法中涉及的排烃门限、生烃转化率、排烃效率等计算模型较为复杂，致使该方法的普适性较低。

体积法是中国历次资源评价的主要方法之一，在页岩的发育规模、岩石物性和基本地球化学特征方面拥有丰富的资料。虽然常规油气资源评价与页岩油气资源评价在研究对象上有些差别，但在基本参数研究上具有很强的相似性，据此，本章资源评价方法选用成因法中的体积法。页岩油资源包括纯泥页岩中的资源以及泥页岩薄夹层中的资源，尽管均可以采用体积法，但参数有所不同：纯泥页岩中页岩油资源量评价主要有氯仿沥青"A"法和热解 S_1 法(宋国奇等，2013；朱日房等，2016；李进步，2020)，而泥页岩中薄夹层中的资源则采用饱和度法。

一、氯仿沥青"A"法

氯仿沥青"A"反映的是沉积岩石中可溶有机质的含量，通常用占岩石质量的百分比来表示。作为生烃和排烃作用的综合结果，从本质来讲，氯仿沥青"A"反映的实际上是烃源岩中的残油量。因此，应用氯仿沥青"A"的指标来评价烃源岩的滞留油量(残留油量)较为合适。

通过原始氯仿沥青"A"进行泥页岩油量的计算如下式：

$$Q_a = V \times \rho \times A \times k_a \tag{4-1}$$

式中，V 为页岩体积，m^3；ρ 为页岩密度，g/cm^3；A 为氯仿沥青"A"含量，%；k_a 为氯仿沥青"A"的轻烃补偿校正系数。

由于同一页岩层的厚度及有机质丰度、类型和成熟度在平面及剖面上存在着明显的变化，为提高评价精度，将研究区页岩分布区在平面及剖面上均分为若干个网格区，分别计算各个网格区的资源量，然后累加求和即可得到研究区页岩油总量。

氯仿沥青"A"是常规油气勘探中常用的指标，其分析方法成熟，基础资料丰富。由于氯仿沥青"A"的组成与原油接近，能较好地衡量页岩中油的含量。氯仿沥青"A"分析样品用量较大，能较好地消除页岩非均质性问题。氯仿沥青"A"也存在较严重的轻烃损失，需要做轻烃补偿校正(参见下节)。同时，由于氯仿抽提过程中溶解了部分吸附烃量，因此，采用式(4-1)计算得到的是总页岩油量，包括游离油和吸附油。

二、热解 S_1 法

热解 S_1 法是应用热解 S_1 参数作为页岩油含量的衡量指标。岩石热解数据 S_1 为游离态(mg HC/g 岩石)，是岩石在热解升温过程中 300℃ 以前热蒸发出来的，为烃源岩中已经生成但尚未排出的烃类产物，正是页岩油评价和勘探的对象。因此，S_1 也可以作为衡量残油量的指标。

与应用原始氯仿沥青"A"计算泥页岩油量的原理、方法相同，原始 S_1 计算页岩油量的公式如下：

$$Q_s = V \times \rho \times S_1 \times k_{轻烃} \times k_{重烃} \tag{4-2}$$

式中，V 为页岩体积，m^3；ρ 为页岩密度，g/cm^3；S_1 为 S_1 含量，mg/g；$k_{轻烃}$ 为 S_1 的轻烃补偿校正系数；$k_{重烃}$ 为 S_1 的重烃补偿校正系数。

热解是常规油气勘探中常用的分析方法之一，具有方法成熟、分析精度高、经济快捷、样品用量少、获取比较方便等优点。在页岩油的评价中，热解 S_1 是重要的评价参数，热解 S_1 的量值直接影响页岩含油量的值。已有研究表明，热解 S_1 值受岩心后期的保存影响很大，对同一样品，新鲜样品是常温下放置一个月样品热解 S_1 值的 $1.5\sim2.0$ 倍(轻烃损失)，故式(4-2)中有轻烃补偿校正系数。这一差别还受样品的热演化程度影响。另一方面，热解 S_2 中也存在部分可溶烃量(重烃容留)，这部分可溶烃量对页岩油的贡献也需进行研究，故式(4-2)中有重烃补偿校正系数。

三、砂岩薄夹层内页岩油资源评价方法

与页岩油资源强度的求取原理相同，同样利用体积法计算砂岩薄夹层的资源量，原理如下：

$$Q = \sum_{i=1}^{c} h_i \times S_i \times \phi_i \times S_{oi} \times \rho_{oi} \tag{4-3}$$

式中，Q 为砂岩薄夹层含油量，$10^2 t/km^2$；c 为砂岩薄夹层的层数；h_i 为砂岩薄夹层厚度，m；S_i 为网格化后的砂岩薄夹层面积，km^2；ϕ_i 为孔隙度，%；S_{oi} 为第 i 层砂岩夹层的含油饱和度，%；ρ_{oi} 为原油密度，g/cm^3。

其中，含油饱和度 S_o 可由式(4-4)获得

$$S_o = 1 - S_w \tag{4-4}$$

$$\frac{1}{R_t} = \left(V_{sh}^{1-\frac{V_{sh}}{2}} \cdot \sqrt{\frac{1}{R_{sh}}} + \frac{\phi^{\frac{m}{2}}}{\sqrt{a \cdot R_w}} \right)^2 \cdot S_w^n \tag{4-5}$$

并且，泥质含量指数为

$$I_{sh} = \frac{GR_{测} - GR_{min}}{GR_{max} - GR_{min}} \tag{4-6}$$

泥质含量为

$$V_{sh} = \frac{2^{G_{cuR} \cdot I_{sh}} - 1}{2^{G_{cuR}} - 1} \tag{4-7}$$

由声波计算孔隙度：

$$\Delta t = \phi \cdot \Delta t_f + V_{sh} \cdot \Delta t_{sh} + (1 - \phi - V_{sh})\Delta t_{ma} \tag{4-8}$$

$$\phi = \frac{\Delta t - V_{sh} \cdot \Delta t_{sh} - \Delta t_{ma} + V_{sh} \cdot \Delta t_{ma}}{\Delta t_f - \Delta t_{ma}} \tag{4-9}$$

式(4-4)～式(4-9)中，G_{cuR}为经验系数，古近系—新近系取值为3.7，更老地层取值为2；S_w为含水饱和度，%；GR_{max}、GR_{min}、$GR_{测}$分别为测井GR值的最大值、最小值及实测值；a为与岩性有关的系数（取值在0.6到1.2之间），无量纲；m为孔隙度指数，无量纲；n为饱和度指数，无量纲；R_w为水的电阻率，$\Omega \cdot m$；R_t为地层电阻率，$\Omega \cdot m$；Δt为声波时差，$\mu s/ft$；Δt_f为流体声波时差，$\mu s/ft$；Δt_{sh}为泥质声波时差，$\mu s/ft$；Δt_{ma}为骨架声波时差，$\mu s/ft$。

需要指出的是，上述页岩油资源量评价中强调残油量的轻烃、重烃恢复校正，而利用成因法评价常规油气资源量[该资源量=（生烃–残烃）×聚集系数]时，并没有特别强调轻烃、重烃的校正恢复，是因为与聚集系数取值对评价结果的影响相比，残烃量校正与否的影响小得多。页岩油评价则不同，评价对象本身是残留烃量，故其恢复/校正系数的研究十分重要。

第二节 资源评价关键参数

从式(4-1)和式(4-2)可以看出，采用体积法评价页岩油资源量涉及的参数有页岩的体积、密度、含油率以及轻烃校正系数、重烃校正系数。页岩体积（有效分布面积×厚度）不仅控制页岩油的分布范围，还是决定资源总量的重要参数。由于在一定深度范围内页岩密度相差不大，且通过密度测井容易获取，而含油率存在较强的非均质性，纵横向变化大，同时岩石样品在存放、处理及测试分析过程中易发生烃损失，故含油率及校正系数对页岩油资源评价结果有重要影响，为关键参数。

下面以页岩油总资源量的评价为例，介绍上述关键参数的取值。如果要评价的是分级资源量，则页岩的体积要分别由各级页岩的分布面积和有效厚度来计算，含油率则应该取相应层段的氯仿沥青"A"或S_1的值。

一、页岩体积

页岩的体积取决于页岩的分布面积和有效厚度。页岩的厚度可以利用测井、录井、地震反演等方法获得评价层系内目的层有效厚度，利用所有井的数据，做出页岩厚度平面等值线图，作为定量评价页岩油资源量的基础图件。泥页岩面积的刻画方法主要如下：①依据页岩等厚图、成熟度图叠加取重叠面积。②概率估计法：当资料程度较低、研究程度不足时，可根据研究区内的构造格局及其演化、沉积相及展布特征、地层缺失与保存、页岩稳定性及有效性等，分别按条件概率估计页岩面积。③有机碳含量关联法：页岩面积的大小及其有效性主要取决于其中有机碳含量的大小及其变化，可据此对面积的条件概率予以赋值。即当资料程度较高时，可依据有机碳含量变化进行取值。在扣除了缺失面积的计算单元内，以 TOC 平面分布等值线图为基础，依据不同 TOC 含量等值线所占据的面积，分别求取与之对应的面积概率值。如步少峰等(2012)根据湘中地区大塘阶测水段页岩厚度等值线图和有机碳的质量分数等值线图，运用存在概率估计法和有机碳含量关联法求取了页岩展布面积，并依据有机碳含量变化，求取其不同条件概率下的面积。

二、泥岩密度

利用大量不同有机质丰度泥页岩的实测密度随埋深的变化关系可以看出(图 4-1)，济阳坳陷古近系泥页岩密度均表现出密度随埋深的增加而增大，但在不同深度下密度随埋深呈不同的斜率变化，而且在同一深度下烃源岩密度与有机碳呈一定程度的负相关关系，即有机碳含量越高，密度越小，其不同有机碳含量的泥页岩样品的密度随深度增加呈不同的斜率变化，由此，泥页岩的密度可以由不同有机碳含量在不同深度下的密度-深度关系曲线来获取。

三、氯仿沥青"A"及轻烃恢复

目前在页岩油气的研究中，页岩中油的含量一般以氯仿沥青"A"的含量代替。在氯仿沥青"A"分析测试中，轻烃在以下几个过程存在较严重的损失。①样品干燥：样品粉碎前在 40～45℃条件下干燥 4h 以上；②样品粉碎：样品粉碎采用机械破碎方法，破碎过程中可产生 40～50℃的温度；③抽提物浓缩：抽提物浓缩采用溶剂蒸发方式，加热温度一般在 80℃左右，在蒸馏过程中样品中的轻质烃组分挥发损失严重。一般认为，氯仿沥青"A"主要成分是 C_{15+}，是氯仿抽提物轻烃组分散失后的残留部分，应用其进行评价页岩中的含油量时，必须进行轻烃恢复，即应该乘于一个轻烃恢复系数(k_a)。

本节以东营凹陷古近系页岩为目的层，采用了自然演化剖面和低温密闭抽提方法，对氯仿沥青"A"的轻烃恢复系数进行了系统研究。

(一)自然演化剖面法

自然演化剖面法主要是应用岩性油气藏中特别是自生自储油气藏中原油的烃类组成资料来近似代替页岩中滞留烃的轻重烃组分的比例，样品采集原则为：原油样品为自生自储的岩性油气藏，而相对应的页岩样品与该油藏具有大致相同的深度，且位于该油藏附近，为该油藏的烃源灶的一部分(图 4-2)。我们从上到下选取这样的样品，就能直观地应用自然演化剖面法观察到从上到下轻烃的组分变化特征，即不同演化阶段

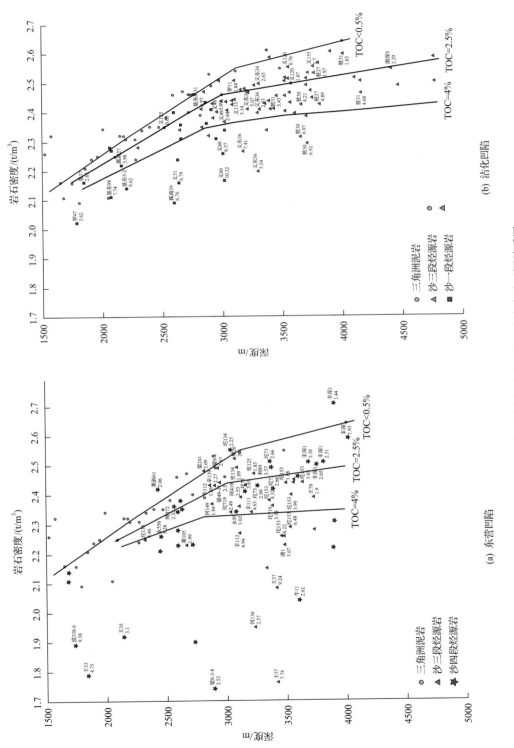

图4-1 济阳坳陷不同有机质丰度泥页岩密度随埋深关系图

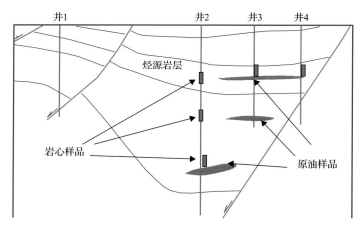

图 4-2　氯仿沥青"A"轻烃恢复样品选取示意图

生成原油的轻重烃的比例。值得注意的是，该方法受资料的条件影响很大，油气的短暂运移也可能形成分馏效应，岩性油气藏原油全烃的分析资料还受地质条件及样品的采集和保存条件的影响。尽管如此，该方法在岩性油气藏丰富的地区仍是一种很好的研究方法。

　　本次研究主要根据自生自储油藏中的原油全烃中不同碳数烃类的相对含量来对轻烃(主要是$C_2 \sim C_{14}$)进行粗略的校正。从东营凹陷原油的全油色谱资料看，3000m以浅，$C_2 \sim C_{14}$的相对含量一般在10%~30%；3000m以深开始迅速增加，4000m达到50%左右(图 4-3)。轻烃在烷烃中的相对含量随深度的增加而增加(图 4-3)，而烷烃在氯仿抽提物中的含量也随深度的增加而增加(图 4-4)，根据$C_2 \sim C_{14}$在烷烃中的相对含量以及烷烃在氯仿抽提物中的相对含量，就可以粗略地对氯仿抽提中轻烃的散失进行恢复。根据东营凹陷岩性油气藏中原油资料和页岩中可溶烃的资料，东营凹陷氯仿沥青"A"轻烃恢复系数随深度变化趋势如图 4-5 所示，在2500m以浅，基本上不用恢复；2500~3000m，恢复系数也很小；在3500m以深，就应该对氯仿沥青的轻烃部分进行恢复。

　　(二)利用低温密闭抽提研究轻烃的相对含量

　　热释烃色谱法是为了获取岩石中的全烃组分，将热释装置与色谱仪连接，实现热释产物在线分析，大大降低了轻烃的散失。该方法兼顾了在线色谱分析以及其他分析项目的样品制备，用 1-壬烯内标能更准确地定量泥页岩中残留的 $C_5 \sim C_{14}$ 烃(图 4-6)。将这种方法获取的 $C_5 \sim C_{14}$ 烃与氯仿抽提获取的 C_{15+} 的量作为整个液态烃的量，其与氯仿沥青"A"的比值即为恢复系数。

　　$C_5 \sim C_{14}$ 烃的制备及在线色谱分析步骤如下。①样品研磨：将泥页岩样品研磨至过60~80 目样品筛的颗粒；②离线制备：以样品的热解 S_1 值作为参考，称取 1~5g 研磨过筛的样品放入石英样品舟，将石英样品舟置于管式炉中部，连接热释装置与收集管，设置高温加热带工作电压为 110V，载气流量为 6mL/min，将收集管浸入液氮，启动管式炉，升温至 280℃后恒温 30min，取下收集管，密封后冷冻备用；③在线分析：以样品的热解 S_1 值作为参考，称取 20~200mg 研磨过筛的样品放入石英样品舟，加入 1-

壬烯内标，将石英样品舟置于管式炉中部，连接热释-富集装置，设置高温加热带工作电压为 110V，载气流量为 6mL/min，六通阀阀箱温度为 300℃，将富集管浸入液氮，启动管式炉，升温至 280℃后恒温 30min，启动色谱仪，移开液氮杯，快速加热富集管，热释烃经六通阀随载气进入色谱柱进行分离标定。

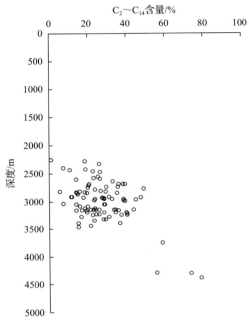

图 4-3　东营凹陷岩性油藏中原油全烃中 $C_2 \sim C_{14}$ 含量随深度变化特征

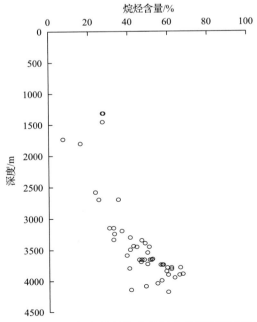

图 4-4　东营凹陷氯仿抽提物中烷烃含量随深度变化特征

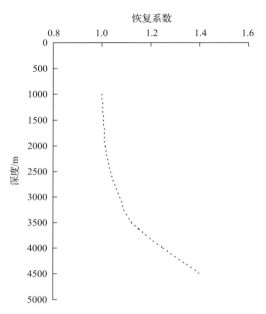

图 4-5　东营凹陷氯仿抽提物恢复系数随深度变化图

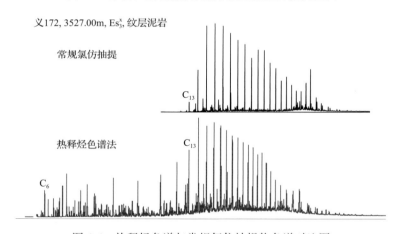

图 4-6　热释烃色谱与常规氯仿抽提物色谱对比图

　　为了准确恢复轻烃的相对含量，本次研究的样品为井场取回的新鲜样品，并立即放置在冰箱中冷冻保存，分析严格按照操作要求在低温条件下进行。由于受新鲜样品的限制，本次研究分析了东营凹陷深度为 3000～4050m 的 10 个样品，从分析结果看，随埋深增加，恢复系数增加（图 4-7）。

　　(三)氯仿沥青"*A*"轻烃恢复系数确定

　　从两种方法所获取的氯仿沥青"*A*"轻烃恢复系数对比来看（图 4-8），这两种方法的结果具有很好的一致性，根据这两种方法所获取的氯仿沥青"*A*"轻烃恢复系数（图 4-8），计算出了东营凹陷页岩氯仿沥青"*A*"的轻烃恢复系数，其结果如图 4-9 所示，该恢复系数适用于有机质热演化成熟度处于 0.4%～1.3%的页岩。在应用氯仿沥青"A"计算页岩油资源量时，可根据演化程度参照以下恢复系数，对于处于两个演化程度之间的数值，进行插值获取恢复系数。

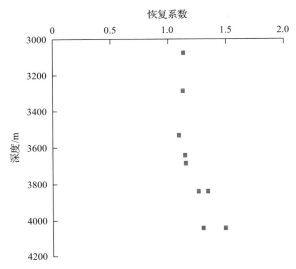

图 4-7　氯仿沥青"A"轻烃恢复系数随深度变化图（热释烃法获取）

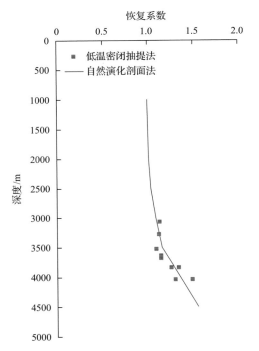

图 4-8　东营凹陷自然演化剖面法和低温密闭抽提法恢复系数对比图

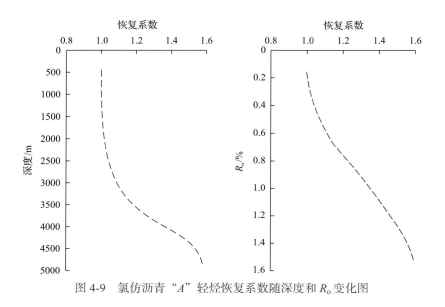

图 4-9　氯仿沥青 "A" 轻烃恢复系数随深度和 R_o 变化图

四、热解参数 S_1 及损失量恢复

S_1 为利用岩石热解仪加热岩样到 300℃ 时所挥发出的烃(图 4-10),基本上是 $C_7 \sim$ C_{33} 的烃,为已经生成但并未排出的烃类,也有人称之为岩石中的热解烃/游离烃/残留烃,可以指示页岩的含油率。不过,进行热解分析所用的样品往往在岩心库中放置了较长时间,其中的气态烃(C_{1-5})、轻烃(C_{6-13})已损失较多。同时,已有研究表明,岩石热解分析得到 S_2(裂解烃)中存在部分先前生成的液态烃,这部分液态烃分子量较大,岩石热解分析中 300℃ 之前尚未蒸发出来(Jarvie,2012),而是残留在孔隙中或吸附在有机质中。因此,S_1 其实低于页岩在地下的实际含油量。如王安乔和郑保明(1987)通过对生油岩氯仿沥青 "A" 的热解分析发现,氯仿沥青 "A" 中的烃类相当一部分进入 S_2 中,说明实测 S_1 值偏低。李玉恒等(1993)通过对含中质油岩样在室温条件下不同放置时间的热解结果分析表明,轻烃损失量随存放条件的变化而变化,放置时间越长其损失量越大。前人主要利用生油岩和储油岩热解实验对比或实验数据回归分析评价热解烃 S_1 的损失量(盛志纬和葛修丽,1986;王安乔和郑保明,1987;庞雄奇等,1993;郎东升等,1996;郭树生和郎东升,1997;周杰和李娜,2004;Zhang et al.,2012)。国外学者通过分析不同存放条件和性质的原油色谱实验结果,确定轻烃的损失量为 10%~100%(Hunt et al.,1980;Cooles et al.,1986;Sofer,1988;Noble et al.,1997)。Jarvie(2012)对泥页岩中干酪根吸附烃量的研究表明,干酪根吸附烃量可达实测热解烃量 S_1 的 2~3 倍。热解烃 S_1 的轻烃损失除了受样品的存放和实验分析条件影响外,还受有机质类型及其成熟度的控制。因此,通过对少数泥页岩样品的生烃热解实验结果对比分析而得出的轻烃损失量或公式难以进行推广应用。同时,生烃热解实验获得的油气组分含量与储集层油气组分组成有一定的差异,也使得生烃热解实验结果难以直接应用。从原理上讲,地下滞留烃应包含三部分:①实测 S_1;②热解分析前已经损失的

小分子烃类；③进入 S_2 中的先前生成的液态烃 (ΔS_2)（图 4-11）。所以页岩油资源评价需要进行 S_1 的轻烃补偿和重烃校正。

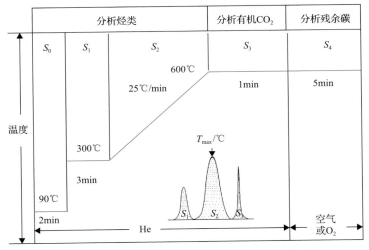

图 4-10 Rock-Eval 岩石热解分析 S_1、S_2、S_3 示意图

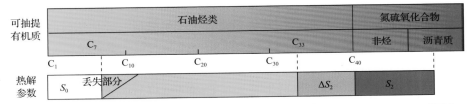

图 4-11 Rock-Eval 热解峰与可抽提有机质之间的关系（据 Bordenave，1993，修改）

（一）热解参数 S_1 的轻烃校正

受样品取心、保存条件、粉碎等过程的影响，实验室测得的 S_1 值往往是小分子烃类损失后的结果，页岩轻质烃损失包括两部分：①从地下取到地表过程中温压改变导致小分子烃类释放；②在岩心库、实验室存放，实验前处理（如粉碎）等过程中小分子烃类的挥发。Jarvie（2012，2014）指出，页岩油轻质烃（可到 C_{10}）的损失在很大程度上取决于有机质丰度、岩相、油的性质、样品粉碎与否、存储及保存方法，损失量达 35%（校正系数为 1.33），甚至高达 5.0。

目前，页岩油轻质烃损失评价方法主要包括 GC 谱分析法、热解实验对比法、物质平衡法、组分生烃动力学法以及经验法等。其中，GC 谱分析法主要是通过页岩热蒸发 GC 谱和同源原油的 GC 谱中烃类含量的差异，进行轻质烃损失校正（Jarvie et al.，2012，Michael et al.，2013）。热解实验对比法则是通过对比冷冻密封保存与室温条件下长期放置后样品的热解 S_1 值揭示烃类的损失程度（李玉桓等，1993；朱日房等，2015；蒋启贵等，2016）。物质平衡法则是通过原始生烃量与排烃量和实测残留生烃潜量之间的差异，假定超过排烃门限深度后所生成的烃全部排出，以此评价轻烃损失量。组分生烃动力学法能反映有机质生烃（气态烃、液态烃）过程这一特点，采用组分生烃动力学模拟方法可以建立有机质类型和成熟度双重影响的轻烃补偿校正系数图版(Wang et al., 2014),其优点是可以模拟多个不同地质情况下的轻烃损失补偿校正系数。而经验法则是在实际资料或测试限制的情况下,将前人的评价结果应用于自己研究工区,Cooles 等(1986)认为轻烃大部分损失掉,轻烃占总油量的 35%(C_{14-}/C_{5+});Hunt(1980)认为原油中约有 30%的轻烃。谌卓恒等(2019)、Li 等(2019)采用实验 S_1 值的 15%作为样品保存和测试分析期间的轻质烃损失量。对于样品取心过程中损失的烃类恢复,谌卓恒等(2019)认为,在油和凝析油窗岩心取到地表过程中轻质烃从油中的释放是发生损失的主要机理,根据不同温压条件下相态平衡原理提出了采用溶解气的气油比或者地层体积因子(formation volume factor)来近似页岩油储层中的轻烃损失。

本节利用热解实验对比法开展研究获取 S_1 轻烃恢复系数。在对比研究中,对样品有以下要求:①样品必须是新钻取的岩心,在取心现场经过密封冷冻处理;②两组样品经过充分混合均匀,以保证不受样品非均质性的影响。实验样品为东营凹陷新钻井取心样品,埋藏深度在 3000~4000m,深度范围包括东营凹陷页岩的主要分布范围。钻井取心至地面后,迅速冷冻保存备用(尽可能减少轻烃和天然气的损失)。对每一块样品,分别做了两组不同条件的对比实验。取一定量样品,第一组分析是在保持液氮冷冻的条件下,磨碎并迅速进行热解分析。常规的样品从井场到岩心入库,一般均超过 30 天,剩余的样品在常温下放置 30 天后进行第二组分析。收集热解峰 S_0(100℃)、S_1(100~300℃)和 S_2(>300℃)。第一组实验的 $S_0+S_1+S_2$ 与第二组实验的 $S_0+S_1+S_2$ 之差 $\Delta(S_0+S_1+S_2)$ 即为在正常热解分析中损失的轻烃量,从试验数据看(图 4-12),$\Delta(S_0+S_1+S_2)$ 随深度增加有明显的增大趋势,特别在深度大于 3600m 以后。

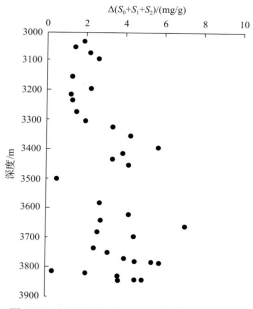

图 4-12　损失轻烃 $\Delta(S_0+S_1+S_2)$ 随深度变化图

为了便于恢复常规分析的样品，我们把$\Delta(S_0+S_1+S_2)$与第二组实验的$S_0+S_1+S_2$之比 K_{S_1}作为损失轻烃的恢复系数，发现其在 3600m 以前并没有出现随深度增加而明显增加的趋势(图 4-13)，在 3000～3600m 范围内，其基本在 0.1 左右变化，而在 3600～3800m，增加趋势明显，3800m 大致在 0.3 左右。

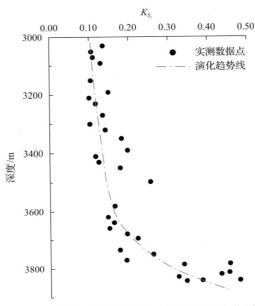

图 4-13　损失轻烃恢复系数(K_{S_1})随深度变化图

(二) 热解参数 S_1 的重烃校正

以往的研究表明，热解分析得到的热解 S_2 中仍然有部分可溶烃的贡献。因此，也需要对热解 S_2 中的可溶烃进行分析。对于热解 S_2 可溶烃的研究，王安乔和郑保明(1987)做过比较系统的分析，其方法是：取页岩样品，通过热解实验得到 S_1 和 S_2，另取同一页岩样品对氯仿沥青"A"抽提，利用抽提后岩样进行热解实验得到 S_2'，则 S_2 与 S_2' 的差值(ΔS_2)即为进入 S_2 中的重质组分游离烃量。为了获取东营凹陷不同演化阶段热解 S_2 中可溶烃的含量，寻找相应的变化规律。

根据东营凹陷 1200～4000m 深度范围内页岩样品分析可以看出，总体来看，埋藏深度较浅，抽提前后热解 S_2 的差值相对较小(图 4-14)，在埋藏较深的条件下差距较大。为进一步研究其随演化变化的规律，ΔS_2 与 S_2 的比值(K_{S_2}，本研究称为 S_2 中可溶烃比例系数)随深度变化规律，发现在沙四上亚段生烃门限以下(2400m)，具有很好的变化规律(图 4-15)，在沙四上亚段排烃门限附近(2500m)，大致占 15%，3000m 附近接近30%，而在 4000m 处比例达到 60%以上(图 4-15)。为了便于用于其他相似凹陷，利用 S_2 中可溶烃比例系数(K_{S_2})与深度关系及镜质组反射率(R_o)与深度关系，最终获取了可溶烃比例系数(K_{S_2})随 R_o 的演化规律(图 4-16)。

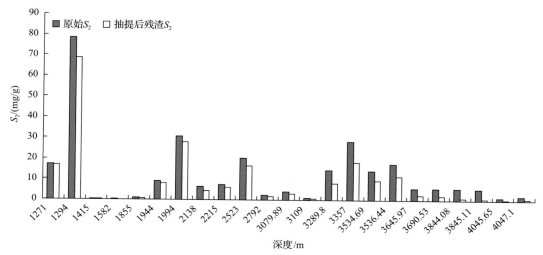

图 4-14　抽提前后热解参数对比图

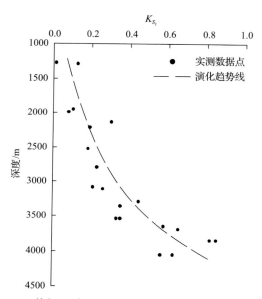

图 4-15　热解 S_2 中可溶烃比例系数 K_{S_2} 随深度演化曲线

在确定可溶烃比例系数 (K_{S_2}) 的基础上，可以利用式(4-10)获取 S_2 中可溶烃的量：

$$\Delta S_2 = K_{S_2} \times S_2 \tag{4-10}$$

式中，ΔS_2 为热解 S_2 中的可溶烃量，mg/g；K_{S_2} 为 S_2 中可溶烃比例系数；S_2 为热解 S_2 值，mg/g。

为了验证热解 S_2 中可溶烃比例系数的可靠性，我们把以前分析的热解参数进行相应的恢复后与氯仿沥青"A"含量进行对比(图 4-17)，发现恢复后的可溶烃量与氯仿沥青"A"含量具有很好的对应关系。

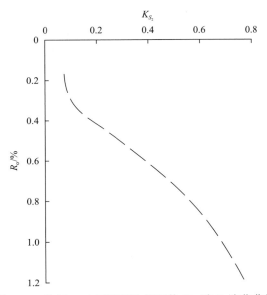

图 4-16 热解 S_2 中可溶烃比例系数 K_{S_2} 随 R_o 演化曲线

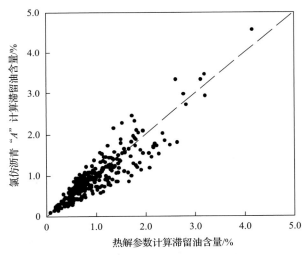

图 4-17 热解参数恢复 S_2 中可溶烃后的含量与氯仿沥青"A"对比图

  根据这些参数,就可以应用热解和氯仿沥青"A"来计算页岩中的滞留烃量。图 4-18 是牛页 1 井根据氯仿沥青"A"恢复系数、热解轻烃散失系数和热解 S_2 中可溶烃系数分别用氯仿沥青"A"和热解参数计算的滞留烃量,计算结果表明(表 4-1),热解参数计算的滞留烃量:沙三下亚段为 0.36%~5.12%,平均为 2.11%,参与计算的样品数为 23 个;氯仿沥青"A"计算的值为 0.57%~1.75%,平均为 1.17%,参与计算的样品数为 5 个。沙四上亚段热解计算值为 0.10%~4.85%,平均为 1.42%,参与计算的样品数为 147 个;氯仿沥青"A"计算值为 0.75%~3.48%,平均为 1.43%,参与计算的样品数为 30 个。

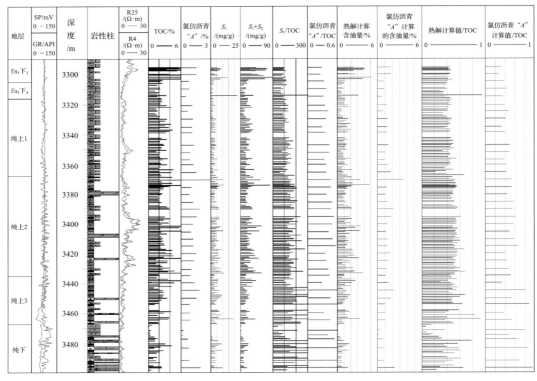

图4-18 牛页1井页岩滞留烃计算剖面图

表4-1 牛页1井页岩中滞留烃量计算结果

计算方法	滞留烃计算结果/%		单位有机碳含油率/(mg/g)	
	沙三下亚段	沙四上亚段	沙三下亚段	沙四上亚段
热解参数法	0.36~5.12	0.10~4.85	0.29~0.95	0.15~0.92
	2.11(23)	1.42(147)	0.43(23)	0.49(14)
氯仿沥青"A"法	0.57~1.75	0.75~3.48	0.28~0.43	0.33~0.88
	1.17(5)	1.43(30)	0.35(5)	0.50(30)

注:例如0.36~5.12表示"最小值~最大值";2.11(23)为平均值(样品数量)。

第三节 页岩的有机非均质性测井预测

要将前面的方法应用到地质条件下,需要有大量的页岩TOC或S_1、氯仿沥青"A"等分析资料。显然,最为准确、可信的方法是采取泥页岩样品在实验室进行相关(TOC、氯仿沥青"A"、热解参数S_1、含气性、含油气饱和度等)分析。但是由于构造、气候、物源、水深、生物发育、埋藏演化等条件的变化所导致的沉积环境、有机质输入、成熟演化及生排烃的差异,页岩中有机质的丰度、类型、成熟度及含油气量在纵向和平面上都表现出明显的非均质性。要客观评价这一有机非均质性,需要纵向、平面上的密集取样，但受分析费用、分析周期，尤其是钻井、取心可提供的样品数量的制约，实测分析数据总是不能满足描述页岩含有机质及含油气性非均质性的需要。

由于有机质的含量和发育特征对众多测井响应（如声波、电阻率、中子、密度、伽马等）都有明显的影响，加上丰富的测井资料的连续性、较高的分辨率，使利用测井资料评价烃源岩中有机质的非均质性成为可能。事实上，近些年来，测井地球化学的原理和技术（最为重要的是ΔlgR模型）已经在常规油气勘探中评价烃源岩中的TOC的非均质性方面得到了较为广泛且成功的探索和应用（刘超，2011；刘超等，2014），而从原理上讲，氯仿沥青"A"、S_1等含量的变化同样会在上述测井响应上得到反映，这为利用测井资料直观评价页岩中的含油气性及其非均质性提供了可能。

当然，勘探家更关注的是页岩有机非均质性的预测。从原理上，富含有机质页岩表现出低速（高声波时差）、低密度的特征，因此在地震剖面上应该具有不同的响应特征。根据这些特征，利用地震相、属性提取及波阻抗反演方法可定量预测 TOC、S_1 等的非均质性，并预测、评价其空间分布。本节主要介绍利用测井资料评价和预测有机非均质性的原理、方法及初步应用。

一、ΔlgR 法评价有机非均质性的原理和方法（以 TOC 为例）

由 EXXON/ESSO 石油公司提出的ΔlgR 法是目前国内外最为普遍和成功应用的由测井资料评价 TOC 的技术（刘超等，2014）。其基本原理如图 4-19 所示：利用自然伽马曲线及自然电位曲线可以辨别和排除储集层段。将电阻率和声波测井曲线反向对置，让两条曲线在细粒非烃源岩处重合，并确定为基线。显然，由于声波在有机质中的传播速度慢于无机矿物（声波时差大于无机矿物）和油气的电阻率高，在含有机质/油气的层段，两条曲线会偏离基线产生一定的幅度差ΔlgR（Δ、R 分别代表声波、电阻率）。可以看到，在未成熟的富含有机质的岩石中还没有油气生成，两条曲线之间的差异主要由声波时差曲线响应造成；在成熟的烃源岩中，除了声波时差曲线响应之外，因为有液态烃类存在，电阻率增加，使两条曲线产生更大的间距（图 4-19）。显然，幅度差（ΔlgR）越大，泥页岩含有机质/含油量越高。

由声波、电阻率计算ΔlgR 的公式为

$$\Delta \lg R = \lg\left(\frac{R}{R_{基线}}\right) + 0.02(\Delta t - \Delta t_{基线}) \tag{4-11}$$

式中，ΔlgR 为两条曲线间的幅度差；R 为测井实测电阻率，Ω·m；$R_{基线}$为基线对应的电阻率，Ω·m；Δt 为实测的声波时差，μs/ft；$\Delta t_{基线}$为基线对应的声波时差，μs/ft；0.02 可视为是对数坐标下的电阻率与算术坐标下声波时差的归一化系数，即一个对数坐标下电阻率的单位对应 0.02 个声波时差单位。ΔlgR 与总有机碳含量呈线性相关，并且是成熟度的函数，由Δlg R 计算有机碳的经验公式为

$$TOC = \Delta \lg R \times 10 \times (2.297 - 0.1688LOM) + \Delta TOC \tag{4-12}$$

式中，TOC 为计算的有机碳含量，%；LOM 为反映有机质成熟度的参数，可以根据大量样品分析（如镜质组反射率、热变指数、T_{max} 分析）得到，或从埋藏史和热史评价中得到；ΔTOC 为有机碳含量背景值。

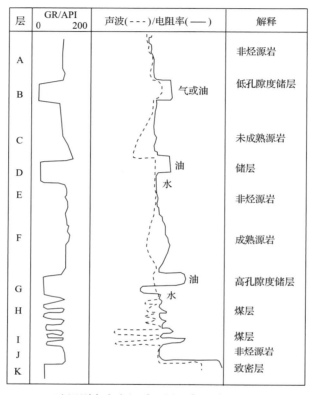

图 4-19 ΔlgR 法识别高含有机质地层示意图（据 Passey et al.，1990）

最初提出的上述公式计算有机碳含量需要确定 LOM、ΔTOC，并人为确定基线，并且预先给定 0.02 的归一化系数。一些学者近些年的研究表明，这会导致一定的误差，影响计算 TOC 的精度。因此，我们对上述模型进行了优化与改进（刘超等，2014）：

将上述固定的归一化系数 0.02 改为待定系数 K，则式（4-11）可变为

$$\Delta lgR = lg\left(\frac{R}{R_{基线}}\right) + K(\Delta t - \Delta t_{基线}) \tag{4-13}$$

式中

$$K = lg\left(\frac{R_{max}}{R_{min}}\right) \Big/ (\Delta t_{max} - \Delta t_{min}) \tag{4-14}$$

K 值的物理意义为每个对数坐标下电阻率的单位个数对应的声波时差（1μs/ft）单位个数。式（4-13）中 $lg(R/R_{基线})$ 是无量纲的，$\Delta t - \Delta t_{基线}$ 是有量纲的，K 值的地质意义为将

Δt–$\Delta t_{基线}$转化为无量纲数，使Δt–$\Delta t_{基线}$与$\lg(R/R_{基线})$量级相当，共同构成$\Delta\lg R$。当规定对数坐标下的每个电阻率单位对应算术坐标下50μs/ft声波时差刻度范围时，K值为0.02。

确定基线之后，不难得到

$$\Delta t_{基线} = \Delta t_{\max} - \lg\left(\frac{R_{基线}}{R_{\min}}\right)\bigg/ K \tag{4-15}$$

式中，$\Delta t_{基线}$、$R_{基线}$与式(4-11)中意义相同，$R_{\min}(\Delta t_{\min})$和$R_{\max}(\Delta t_{\max})$分别为声波时差和电阻率曲线叠合时电阻率(声波时差)曲线刻度的最小值和最大值。将式(4-14)和式(4-15)代入式(4-13)，则式(4-13)可进一步推导为

$$\Delta\lg R = \lg R + \frac{\lg\left(\frac{R_{\max}}{R_{\min}}\right)}{\Delta t_{\max} - \Delta t_{\min}} \times (\Delta t - \Delta t_{\max}) - \lg R_{\min} \tag{4-16}$$

由于一口井常存在多个基线值，需分井段建立解释关系式，建立模型的深度范围内R_o变化一般不大，这样式(4-12)中$10\times(2.297-0.1688\text{LOM})$可视为定值，记作$A$。建立模型的深度范围内可将式(4-12)可修改为

$$\text{TOC} = A\Delta\lg R + \Delta\text{TOC} \tag{4-17}$$

将式(4-14)和式(4-15)代入式(4-17)可得

$$\begin{aligned}\text{TOC} &= A\left[\lg R + K(\Delta t - \Delta t_{\max}) - \lg R_{\min}\right] + \Delta\text{TOC}\\ &= A\lg R + AK\Delta t - A(K\Delta t_{\max} - \lg R_{\min}) + \Delta\text{TOC}\end{aligned} \tag{4-18}$$

式中，A、$\Delta t_{\max}$、$R_{\min}$、ΔTOC均为常数。显然，计算有机碳含量受归一化系数K值影响。

利用地球化学数据较多、测井数据质量好的探井，考察归一化系数对计算有机碳的影响(图4-20)，从图中可以看出，$\Delta\lg R$与实测有机碳的相关系数R^2随归一化系数K规律性变化，说明归一化系数K确实影响计算有机碳含量的精度。

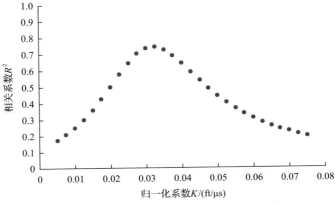

图 4-20 $\Delta\lg R$与实测有机碳的相关系数R^2随归一化系数K变化曲线

令 K 取最优值(最优 K 值能使计算有机碳与实测有机碳间相关系数 R^2 最大),则可得到改进的 $\Delta \lg R$ 模型:

$$TOC = a \lg R + b \Delta t + c \tag{4-19}$$

式中,a、b、c 均为拟合公式的系数。这样,改进的模型再无需 LOM 和 ΔTOC 参数,不需人为读取基线值的条件下便可以计算出有机碳含量。

选取合适的 K 值能改善 $\Delta \lg R$ 与 TOC 之间的相关系数,这可以从以下角度理解:

(1)声波时差主要对岩石骨架响应,在富含有机质但有机质尚未成熟的源岩段,$\Delta \lg R$ 主要由声波时差曲线响应造成;电阻率曲线主要对孔隙中流体响应,在成熟的烃源岩中,除了声波时差曲线响应之外,因为有烃类流体的存在,电阻率增加,$\Delta \lg R$ 由声波时差曲线和电阻率曲线共同响应造成。从式(4-15)看出:K 值变小时,$\Delta \lg R$ 主要由电阻率曲线响应造成,主要识别的是烃源岩中烃类流体部分,对干酪根识别的能力差,故 K 值较小时,对于相对富含烃类流体、贫乏干酪根的烃源岩段计算有机碳含量效果较好;K 值变大时,$\Delta \lg R$ 主要由声波时差曲线响应造成,主要识别的是烃源岩中干酪根部分,对于相对富含干酪根贫乏烃类流体的源岩段计算有机碳含量效果较好。从这个角度上讲,调节 K 值相当于调节识别烃源岩中烃类流体和干酪根能力之间比重的问题。

(2)声波时差和电阻率都对孔隙度的变化敏感,孔隙度增大意味着骨架体积减小和导电水体积增大,导致声波时差增大而电阻率减小,二者变化幅度呈比例。只要声波时差和电阻率曲线归一化系数 K 选取适当,孔隙度变化会使这两条曲线产生同样幅度的偏移,可以消除孔隙度对有机碳测井的响应。从这个角度上讲,调整 K 值的过程又是调整声波时差和电阻率之间的相对比重,消除孔隙度对有机碳测井响应影响的过程。

若想提高 $\Delta \lg R$ 与有机碳的相关系数,关键在于找到最优的 K 值。由上面的分析知,K 值较小(大)时,对烃源岩中烃类流体(干酪根的)识别能力较强,对干酪根(烃类流体)的识别能力较弱。同时 K 值较小(较大)时主要依赖一条测井曲线响应,往往不能有效地消除孔隙度对有机碳测井响应的干扰,故 K 值较小(较大)时识别有机碳含量的准确性不会很高。K 值由小变大的过程是一个从主要识别烃类流体逐渐向烃类流体和干酪根共同识别、从主要依赖一条曲线响应无法抵消孔隙度影响向两条曲线并用逐渐消除孔隙度对有机碳测井响应逐渐过渡的过程。故理论上随着 K 值由小到大,识别有机碳含量的准确性应呈先增大后减小的趋势,由增大到变小的转折点为最优归一化系数。

也有学者引入更多的测井曲线,如密度测井、伽马(能谱)等来提高评价的精度(刘超等,2014),但有时会制约推广应用(有些测井资料有限),有时会增加应用的难度。也有人利用神经网络技术来建立评价模型,在建模井的精度可能很高,但外推效果往往难以保证(刘超等,2014)。

基于上面的分析,以上原理模型同样可以用于由测井资料评价页岩中的氯仿沥青 "A"/S_1 的含量。只不过标定模型的待定参数时,要用氯仿沥青 "A"/S_1 的实测值来进行,且 K 值会不相同。

二、模型建立

利用氯仿沥青"A"、热解 S_1 和有机碳实测数据与测井曲线按 $\Delta \lg R$ 方法分别建立了评价区不同地区不同层系泥页岩氯仿沥青"A"、热解 S_1 和有机碳实测数据与测井曲线响应模型(表 4-2 和表 4-3),从济阳坳陷两口连续取心井牛 38 井、罗 69 井利用泥页岩有机碳含量实测值与测井曲线响应模型计算值的相关性来看(图 4-21 和图 4-22),相关系数较高,所建立模型可外推。

表 4-2　济阳坳陷不同地区沙四上亚段有机质丰度测井响应模型[对应式(4-19)]

地球化学参数	地区	曲线	代表井	a	b	R^2
TOC	东营、惠民	RILD-AC	王 127	0.7647	0.2001	0.9911
		R4-AC	王 127	1.98	−0.2466	0.977
		R25-AC	王 127	0.8807	−0.279	0.9645
	沾化、车镇	LLD-AC	罗 69	1.069	0.7754	0.8237
		R25-AC	罗 69	1.0965	0.6969	0.8032
		R4-AC	罗 69	1.0959	0.7064	0.799
S_1	东营、惠民	RILD-AC	王 127	1.3442	0.1227	0.8812
		R4-AC	王 127	1.5753	−0.3001	0.9497
		R25-AC	王 127	1.3402	0.1677	0.8566
	沾化、车镇	LLD-AC	罗 69	0.8132	0.3265	0.7617
		R25-AC	罗 69	0.8813	0.2585	0.7312
		R4-AC	罗 69	0.8631	0.283	0.7409
氯仿沥青"A"	东营、惠民	RILD-AC	王 127	0.2433	0.2899	0.8787
		R4-AC	王 127	0.3519	0.2145	0.8661
		R25-AC	王 127	0.3479	0.1476	0.7932
	沾化、车镇	LLD-AC	罗 69	0.335	0.1211	0.8616
		R25-AC	罗 69	0.3087	0.1323	0.7139
		R4-AC	罗 69	0.3927	0.0768	0.7462

表 4-3　济阳坳陷不同地区沙三下亚段有机质丰度测井响应模型[对应式(4-19)]

地球化学参数	地区	曲线	代表井	a	b	R^2
TOC	东营、惠民	LLD-AC	坨 153	1.331	0.814	0.786
		RILD-AC	牛 38	0.887	0.572	0.849
		R4-AC	河 130	0.41	1.083	0.787
		R25-AC	王 57	0.511	1.277	0.852
	沾化、车镇	LLD-AC	罗 69	1.069	0.775	0.824
		R25-AC	罗 69	1.097	0.697	0.803
		R4-AC	罗 69	1.096	0.706	0.799

续表

地球化学参数	地区	曲线	代表井	a	b	R^2
S_1	东营、惠民	LLD-AC	坨 153	1.178	0.306	0.8
		RILD-AC	牛 38	0.887	0.572	0.849
		R4-AC	河 130	0.415	1.668	0.787
		R25-AC	王 57	0.621	1.666	0.923
	沾化、车镇	LLD-AC	罗 69	0.813	0.327	0.762
		R25-AC	罗 69	0.881	0.259	0.731
		R4-AC	罗 69	0.863	0.283	0.741
氯仿沥青 "A"	东营、惠民	LLD-AC	坨 153	0.265	0.22	0.772
		RILD-AC	牛 38	0.122	0.062	0.789
		R4-AC	河 130	0.28	0.048	0.796
		R25-AC	王 57	0.313	0.138	0.881
	沾化、车镇	LLD-AC	罗 69	0.335	0.121	0.862
		R25-AC	罗 69	0.309	0.132	0.714
		R4-AC	罗 69	0.393	0.077	0.746

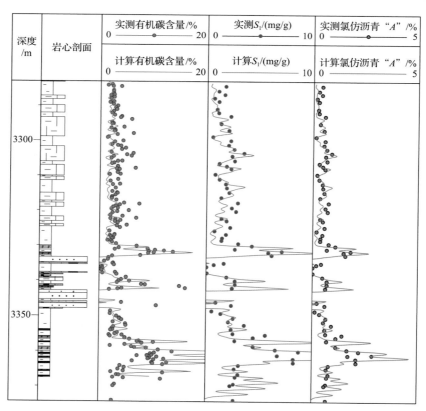

图 4-21　济阳坳陷东营凹陷牛 38 井泥页岩有机质丰度实测数据与计算数据对比图

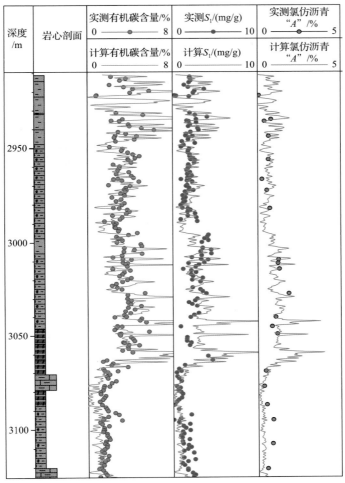

图 4-22 济阳坳陷沾化凹陷罗 69 井泥页岩有机质丰度实测数据与计算数据对比图

三、不同级别泥页岩的分布与规模

根据测井解释的氯仿沥青"A"、热解 S_1 和有机碳数据，按分级标准中的氯仿沥青、热解 S_1 和有机碳含量达到Ⅰ级评价标准的交集为Ⅰ级，扣除Ⅰ级后氯仿沥青、热解 S_1 和有机碳含量达到Ⅱ级评价标准的交集为Ⅱ级，扣除Ⅰ、Ⅱ级后氯仿沥青、热解 S_1 和有机碳含量达到Ⅲ级评价标准的交集为Ⅲ级，进行不同层组页岩分级评价（图 4-23），取计算氯仿沥青"A"、热解 S_1 和有机碳含量数据的平均值，从而编制Ⅰ、Ⅱ和Ⅲ不同级别页岩油气资源泥页岩的氯仿沥青"A"含量、有机碳含量和热解 S_1 值的平面分布图，利用测井曲线与实测分析数据相结合建立的测井响应模型计算的各参数值纵向上相对连续，可在此基础上，统计泥页岩占地层厚度 60%以上，连续厚度大于或等于 30m 的不同级别泥页岩厚度，累计相加可得到不同级别泥页岩的厚度值，结合不同层位沉积相的分布特征，可编制不同层位、不同级别泥页岩的厚度等值线图（图 4-24～图 4-28），进而获取不同级别页岩的规模，从而计算出其间的页岩油量。

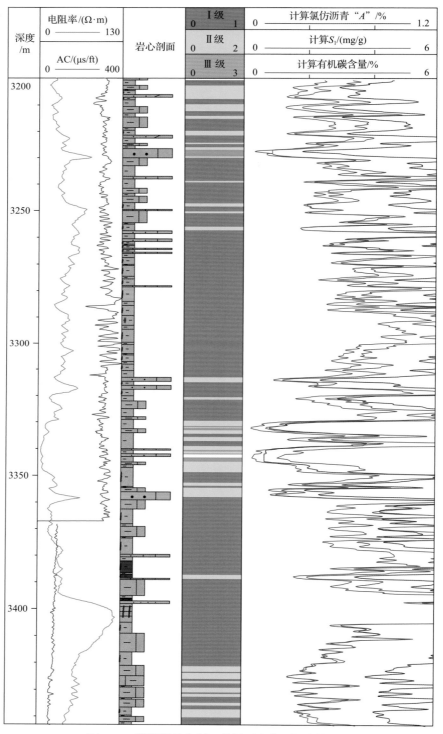

图 4-23 济阳坳陷义深 6 井泥页岩分级评价结果图

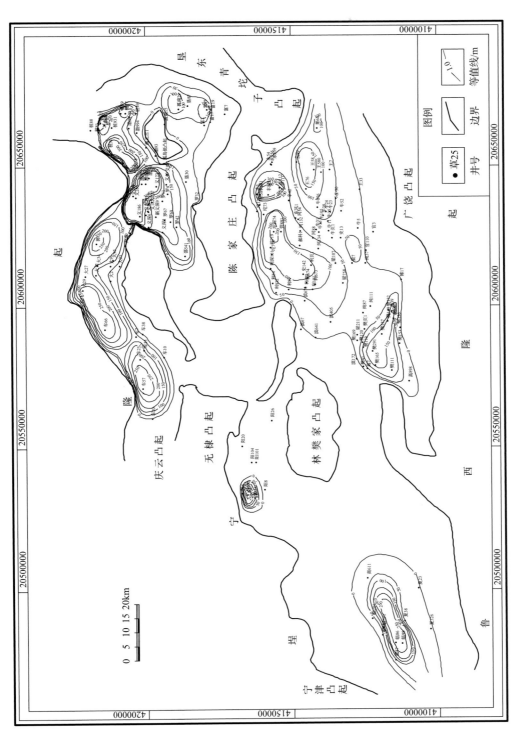

图4-24 济阳坳陷沙三下亚段Ⅰ级页岩厚度等值线图

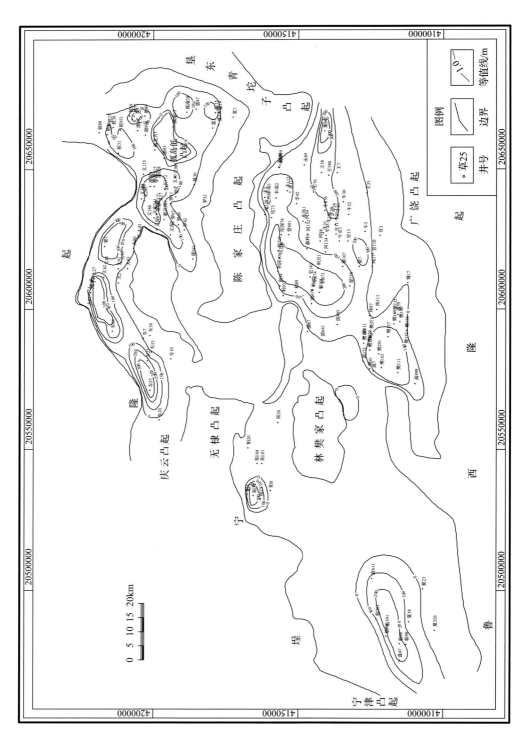

图4-25 济阳坳陷沙三下亚段Ⅱ级页岩厚度等值线图

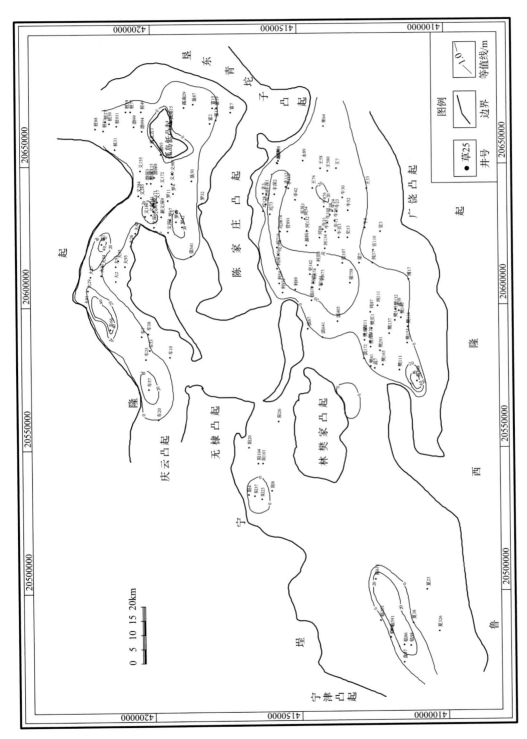

图4-26 济阳坳陷沙三下亚段Ⅲ级页岩厚度等值线图

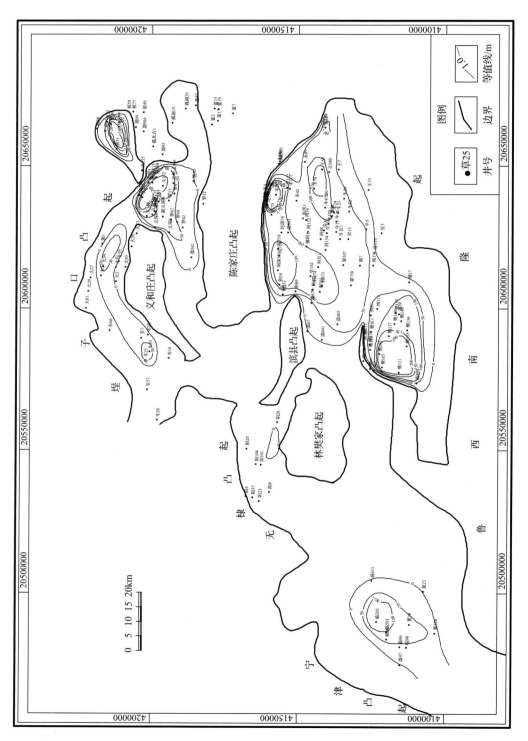

图4-27 济阳坳陷沙四上亚段Ⅰ级页岩厚度等值线图

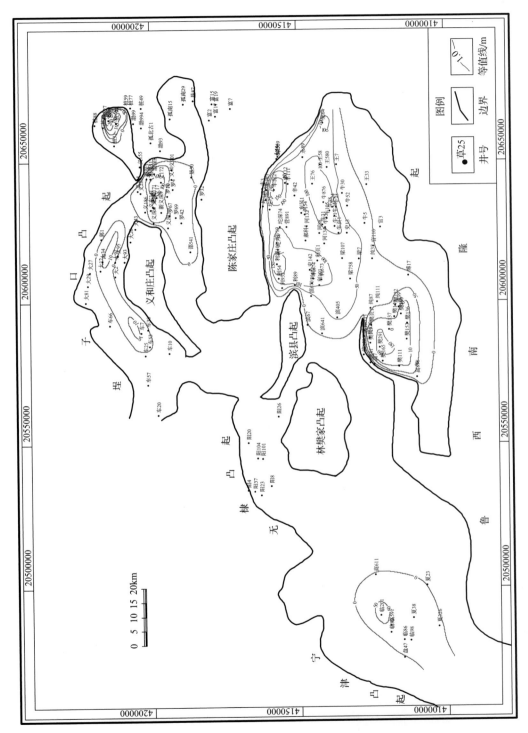

图4-28 济阳坳陷沙四上亚段Ⅱ级页岩厚度等值线图

第四节　页岩油伴生气量评估方法

对于页岩油中的伴生气，主要采用气油比的方法进行计算，该方法主要根据油气中页岩油量和气油比来确定页岩油中气态烃 $C_1 \sim C_5$ 的含量，计算公式如下：

$$V_{气} = Q_{油} r \tag{4-20}$$

式中，$V_{气}$ 为伴生气体积，m^3；$Q_{油}$ 为页岩油量，m^3；r 为气油比。

可以看出，气油比是定量评价页岩油中伴生气含量的关键参数。可以通过以下方法确定：①采用相当埋藏深度自生自储岩性油气藏的气油比来代替；②热模拟实验中得到的气油比；③数值模拟法。

一、自然演化剖面法（源内常规油藏统计法）

对于烃源岩母质以生油为主，且盆地内烃源岩整体成熟度未达到高-过成熟的富油盆地或凹陷，可用油藏统计法来粗略研究烃源岩生烃产物的气油比，其基本原则为：烃源岩埋深越深，演化程度越高，气油比越大。油藏原油气油比与注入含烃流体的气油比有关，在凹陷内发生明显油气分异的深度以下，气油比主要受控于注入含烃流体的油气比例。烃源岩内部油藏一般为原地聚集或下部烃源岩所生油气向上运移聚集而成。烃源岩内低气油比油藏的气油比可以近似代替该深度烃源岩生成并排出烃类的气油比。而气油比较高的油藏可能为演化程度稍高的烃源岩生成的油气聚集而成，因此，油气藏试油资料的气油比下包络线可以近似认为是相同演化深度烃源岩中滞留烃的气油比。从济阳坳陷油藏气油比随深度变化图表看，深度为 3000m 时，气油比约为 $30m^3/m^3$；深度为 3600m 时，排出烃类的气油比约为 $100m^3/m^3$（图 4-29）。

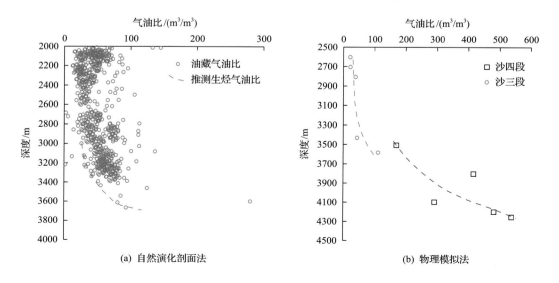

(a) 自然演化剖面法　　　　　　　(b) 物理模拟法

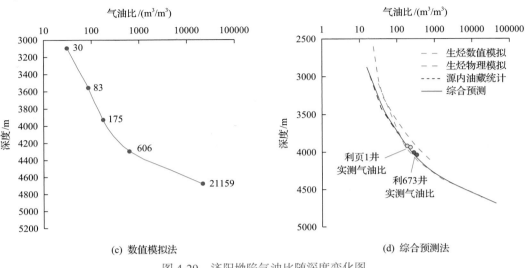

图 4-29　济阳坳陷气油比随深度变化图

二、物理模拟实验法

本节研究模拟实验采用胜利油田地质科学研究院高温高压生排烃模拟装置，其具体操作方法为：将泥页岩样品粉碎至粒径小于 80 目，称取一定量样品，加入相当于样品质量 1/5 的水，混合均匀。放入高温高压生排烃模拟装置，通过柱压系统垂向施加大致相当于地下深度的上覆压力的柱压，用流体压力跟踪泵施加相当于地下深度的流体压力。设置不同的温度点，恒温加热反应 48h，至指定时间后，打开取样阀门，收集液态油和气体产物并计量。打开反应釜后，取出泥页岩样品，粉碎至粒径小于 80 目，进行氯仿抽提，抽提出液态油产物，与排出油一起计入生成的油量。

本节分别对沙四上亚段样品和沙三段样品进行实验，沙四段样品分别为官 107 井 1792.7m 处深灰色钙质页岩，WZK16 钻孔 370～390m 页岩；沙三段样品为钟参 1 井 2295m 处纹层状泥岩。模拟实验表明［图 4-29（b）］：沙三段烃源岩在 3600m 以上生成并排出的烃类中，气油比在 110m³/m³ 左右；而早期生气量较低，2500～3300m 深度段，生烃气油比均在 40m³/m³ 以下，并且变化缓慢；至 3400m 左右，气油比变化较大。沙四段烃源岩在 3500m 时，生排烃气油比在 170m³/m³ 左右，随深度增加气油比增长较快；到达 4200m 时，气油比达到 550m³/m³ 左右。同样深度的烃源岩，沙四段生排烃气油比要大于沙三段，可能与有机质母质类型差异有关。模拟实验气油比较油藏统计法确定的气油比略高，可能与油藏中烃类的扩散或水洗作用有关，虽然天然气在原油中未达到饱和状态，主要溶解于油中，但天然气仍然在油水两相之间存在着溶解分配平衡，尽管在水中溶解量和油中相比很低，由于地层水比油容易流动，地层水携带走部分溶解天然气，随着时间推移，油藏中的气油比会有所降低。

三、数值模拟法

沉积有机质演化生油（气）的过程实际是一个在热力作用下的化学反应过程，其生烃行为符合化学动力学上的一级反应原理(Connan,1974)，即反应速率同反应物浓度的一次方成正比：

$$-\frac{dC_A}{dt} = kC_A \tag{4-21}$$

式中，C_A 为反应物任意时刻的浓度；t 为反应时间；k 为反应速率常数，k 符合阿伦尼乌斯方程：

$$k = Ae^{-\frac{E}{RT}} \tag{4-22}$$

对式(4-22)进行积分，可以得出

$$\int_{C_{AO}}^{C_A} \frac{dC_A}{C_A} = \int_0^t Ae^{-\frac{E}{RT}} dt \tag{4-23}$$

式中，C_{AO} 为反应初始浓度；A 为指前因子；E 为反应活化能；R 为气体常数，取值为 8.31J/mol；T 为绝对温度，K。

因此，若已知动力学参数 A、E 和烃源岩的热演化史(确定地温 T 和热演化时间 t)，根据式(4-23)即可以计算任意时刻烃源岩的生烃演化程度和烃转化量等。

前人大量研究成果表明，烃源岩的热演化指标镜质组反射率 R_o 的热演化也符合动力学反应方程(Burnham and Sweeney, 1989; Wuu-Liang Huang, 1996)：

$$R_o = kt^n \tag{4-24}$$

Wuu-Liang Huang(1996)经过大量模拟实验验证将式(4-24)转化为标准化学反应动力学形式，并加以校正，如式(4-25)所示：

$$R_o = B + Ae^{-\frac{m}{T}} t^n \tag{4-25}$$

式中，B 为修正值；A 为指前因子(常数)；T 为绝对温度，K；t 为反应时间；m 和 n 均为常数。

镜质组反射率 R_o 的演化与时间和温度有关，并且受热时间和受热温度可以互相补偿，因此可以在实验室模拟地下条件进行热演化模拟。由于烃源岩生烃反应和烃源岩境质组反射率转化均符合一级动力学反应规律，因此，根据生烃模拟实验确定出烃源岩生烃动力学参数后，就可以根据热演化史确定烃源岩生烃产物特征。

首先根据模拟实验数据，确定出烃源岩的生烃动力学参数，包括烃源岩生油、生气的活化能分布及指前因子，以及烃源岩成油成气潜力比例。根据这些动力学参数利用盆地模拟软件 IES 进行生烃演化数值模拟，计算并绘制出烃源岩生油生气演化剖面，再根据累积生烃量剖面即可计算不同深度烃源岩瞬时生烃中的气油比，某深度生成烃类气油比具体方法为

$$R = \frac{P_g(D_a)/M_g \times 22.4}{P_o(D_a)/\rho_o} \tag{4-26}$$

式中，R 为生排烃产物气油比（体积比，常温常压分离后）；$P_g(D_a)$、$P_o(D_a)$ 分别为深度为 D_a 时的生成气量和生成油量，mg/g；M_g 为生成气体的平均分子量，g/mol；ρ_o 为生成油的地面密度，g/mL。

$P_g(D_a)$、$P_o(D_a)$ 可以通过式（4-27）和式（4-28）大致计算：

$$P_g(D_a) = Q_g(D_a) - Q_g(D_b) \tag{4-27}$$

$$P_o(D_a) = Q_o(D_a) - Q_o(D_b) \tag{4-28}$$

式中，$Q_g(D_a)$ 为深度为 D_a 深度点烃源岩的累计生气量，mg/g；$Q_g(D_b)$ 为比 D_a 深度略浅的 D_b 深度点累计生气量，mg/g；$Q_o(D_a)$ 为深度为 D_a 深度点烃源岩的累计生油量，mg/g；$Q_o(D_b)$ 为 D_b 深度点时累计生油量，mg/g。

经计算求得沙四上亚段烃源岩动力学参数如图 4-30 所示，其中，烃源岩生油和生气比例分别为 87% 和 13%。沙四上亚段烃源岩生油活化能主要分布在 50～56kcal/mol（1cal=4.184J），主频为 53kcal/mol；生气活化能主要在 53～67kcal/mol，主频 60kcal/mol。成油指前因子（或频率因子）为 $7.69 \times 10^{27} Ma^{-1}$，而成气指前因子为 $7.22 \times 10^{29} Ma^{-1}$。

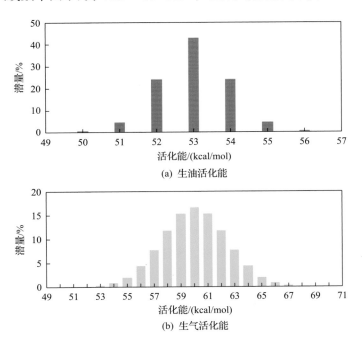

图 4-30　沙四上亚段烃源岩生油、生气活化能分布图

应用动力学参数结合东营凹陷沉积埋藏受热史进行数值模拟研究，模拟结果表明［图 4-29（c）］：埋深小于 4000m，沙四段烃源岩生烃气油比一般小于 200m³/m³；到 4300m

时,气油比达 600m³/m³ 左右;到 4700m 时,气油比可以达到 20000m³/m³ 以上。在 3800m 以浅,尽管随深度增加气油比有所增加,但气油比变化相对平缓,可能与烃源岩处于大量成油阶段而未进入大量成气阶段有关,而 4000~4200m,气油比迅速增加,表明烃源岩已经开始进入大量生气阶段,而生油能力逐步降低,因此气油比迅速增大。

根据油藏统计、生排烃物理模拟实验和数值模拟结果,可以推测泥页岩生烃演化过程中生成产物的气油比,而一般认为烃源岩排出的即时流体特征与该烃源岩内流体特征相近,因此可以根据烃源岩生排烃气油比变化剖面推测泥页岩内烃类的气油比随深度的变化规律。

图 4-29(d)为三种方法得出的烃源岩排出气油比的变化剖面,三种方法得到的气油比存在一定差异:在 3700m 以浅时,源内油藏统计得到的气油比较低,而生烃物理模拟与生烃数值模拟的结果相近。其原因为:尽管源内油藏未发生油气分异,但富集及保存过程中,地层水相对活跃,水的流动会溶解而带走部分气体导致气油比相对偏低,另外气体的扩散作用也是气油比偏低的重要原因。而生烃物理模拟和数值模拟过程中,未考虑气体的扩散及水溶解等损失,因此,气油比于源内油藏统计数据来说相对较高。

生烃物理模拟与生烃数值模拟得的气油比数据在 3700m 以浅,比较接近,但在 3700m 以深,生烃数值模拟得到的气油比数据与生烃物理模拟得到的气油比数据具有一定的偏差,生烃数值模拟得到的气油比小于生烃物理模拟气油比。其原因包括:生烃数值模拟的生烃模型是基于干酪跟有机质生油和生气模式,即认为所有气均为干酪根生成,未考虑生烃烃类的二次裂解。而实际演化过程中烃源岩生成的油除了部分排出外,烃源岩内仍存在较多的残留油,而这些残留油在一定的温度条件下,仍会发生裂解而成气。而生烃物理模拟过程中,除了发生干酪根生油和生气反应之外,也会发生烃源岩内原油的部分裂解。3700m 以浅,生烃数值模拟结果与生烃物理模拟结果接近,可能是温度相对较低,且时间相对较短,因此生烃物理模拟实验中未发生明显的原油裂解,因此数值模拟结果与物理模拟结果较为接近。但在 3700m 以深,可能达到了某些原油的裂解温度,生烃模拟实验过程中又未考虑原油的裂解,因此造成生烃数值模拟结果相对于生烃物理模拟结果偏低。

因此,综合考虑各种方法更能反映泥页岩内气油比的变化规律。3700m 以浅源内油藏统计的气油比代表泥页岩内最小可能气油比,3700m 以深生烃数值模拟得到的气油比代表泥页岩内最小可能气油比;而生烃物理模拟得到的气油比代表最大可能气油比。3700m 以浅,随深度增加,泥页岩内气油比变化幅度相对较小,而在 3700m 以深,气油比变化明显升高;在 4000m 以深气油比变化增加更为明显;至 4300m 左右时,气油比最大能到 1000 以上[图 4-29(d)]。

第五节 吸附-游离/可动油评价方法

在页岩油气资源量计算中,不论是氯仿沥青"A"还是 S_1 方法,其计算的页岩油量中,均包含三部分:①位于颗粒孔隙体系内,为游离状态;②吸附在干酪根表面或内部；③在油湿或混合湿润的孔隙体系，吸附在矿物颗粒的表面。从赋存状态来分可以分为吸附态和游离态两部分。由于吸附油在目前的技术条件下难以开采利用，并不是一种现实的页岩油资源，而氯仿沥青"A"和 S_1 并不区分是游离油和吸附油，游离油是资源评价所关心的。由于页岩孔隙度难以测量，且以往的资料不多，因此，本次研究首先确定吸附油量，然后总油量减去吸附油量就是游离油量。如何确定吸附油量是本书的关键之一。

一、自然演化剖面确定页岩最大吸附量

泥页岩中吸附油量的评估非常困难，如何准确评价吸附油量一直是一个难题。根据前人对排烃研究和北美页岩油气生产实践的结果，可以初步估算一个最大吸附油量。

在北美页岩油气研究中 S_1 及 S_1/TOC 常作为页岩中可动烃含量的重要指标。北美页岩油评价中，常利用油切割效应 (oil crossover effect) 来评价页岩油有利层段。油切割效应主要应用两个参数来表示 (图 4-31)：S_1 和 TOC，S_1 表示页岩中油的含量、TOC 则表示页岩中有机质的丰度，岩石中有机质丰度对页岩对油的吸附量与有机质丰度成正比，经验结果认为，吸附量与有机质丰度的比例是 1(mg/g)：1(%)，S_1 中数值上超过 TOC 的即为可动油。用 S_1/TOC 来表示即为 S_1/TOC 超过 100mg HC/g TOC 则为潜在的产油层，S_1/TOC 介于 75～100mg/g 时表现为油气显示段，而小于 75mg/g 为无油气显示段 (图 4-32)，因此认为，页岩的吸附能力为 75～100mg/g。

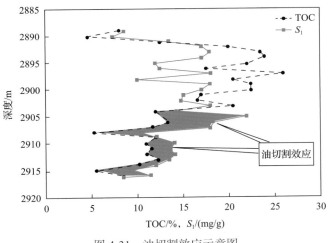

图 4-31 油切割效应示意图

近年来，对于固体有机质吸附烃类能力的研究，在煤层气和页岩气中开展过较多研究工作，建立了朗缪尔等温吸附模型。对于易生油的煤通过吸附作用保留的油可达 50～70mg/g (为煤质量的 3%～5%)。对于其他类型干酪根吸附石油的能力，一般的吸附能力可达固体有机质质量的 3%～18%。

干酪根对油气的吸附，一部分吸附在干酪根表面，另一部分则存在干酪根内部的纳米孔隙中。Pepper 和 Corvi(1995) 在生烃动力学研究中用各演化阶段的转化指数

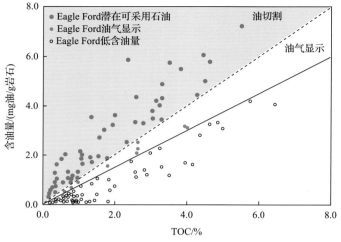

图 4-32　北美地区页岩油潜力评价图

(S_1/TOC 或氯仿沥青 "A" /TOC)来评估干酪根的吸附能力。Pepper 和 Corvi(1995)通过对世界各主要含油气盆地的研究后发现(图 4-33),发生排烃的烃源岩烃指数均在某个数值之上,而未成熟未排烃的烃源岩的烃指数均在某个数值之下,由此认为,在排烃门限附近,源源岩的烃指数能大致反映其对原油的最大吸附能力。通过对各地多套烃源岩统计后发现,大部分烃源岩在排烃门限时的烃指数 S_1/TOC 均在 0.1 左右、氯仿沥青 "A"/TOC 在 0.2 左右,由此确定其最大的吸附能力为 S_1/TOC 为 0.1 或氯仿沥青"A"/TOC 为 0.2。

　　Pepper 和 Corvi(1995)研究的主要是海相盆地的烃源岩,而湖相盆地的最大吸附能力是否与海相一致呢?我们分析了生烃门限比较统一的沙三下亚段烃源岩。东营凹陷沙三下亚段不同埋深氯仿沥青 "A" 与 TOC 相关图看(图 4-34),从图中能明显看出沙

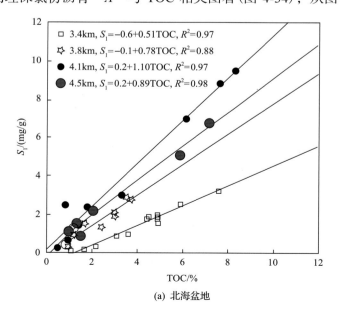

(a) 北海盆地

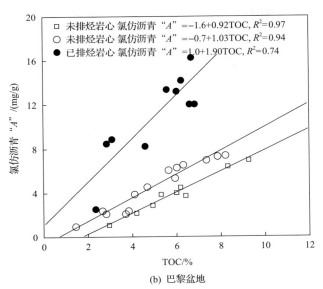

(b) 巴黎盆地

图 4-33 不同埋深条件下热解 S_1 与 TOC、氯仿沥青 "A" 与 TOC 相关图

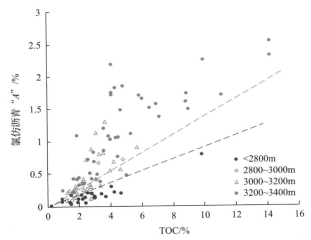

图 4-34 东营凹陷沙三下亚段氯仿沥青 "A" 与 TOC 相关图

三下亚段在未排烃阶段（2800m 以浅，一般认为 2800～3000m 为东营凹陷沙三下亚段的排烃门限），氯仿沥青 "A" 与 TOC 的相对含量较低，而在进入排烃门限以后（3200m 以下），氯仿沥青 "A" 与 TOC 的相对含量较高，均高于 2800m 以上的烃源岩。由此可见，湖相烃源岩也具备相同的规律，从而使确定湖相页岩的最大吸附油量成为可能。

通过对东营凹陷沙三下亚段和沙四上亚段氯仿沥青 "A" /TOC 随深度的变化特征看（图 4-35），在排烃门限以前，氯仿沥青 "A" /TOC 变化相当平缓，在进入排烃门限以后迅速增加，如果我们把排烃门限时的氯仿沥青 "A" 作为页岩中有机质吸附能力的最大量，则对于沙三下亚段，氯仿沥青 "A" /TOC 为 230mg/g，即吸附的氯仿沥青 "A" 量约为 TOC 的 0.23 倍，沙四上亚段氯仿沥青 "A" /TOC 为 240mg/g，这与 Pepper 和 Corvi（1995）认为的 200mg/g 比较接近。如果用 S_1 来表征吸附油量的话，根据 S_1/TOC（TI）

随深度的变化特征看（图 4-36），在排烃门限深度，S_1/TOC 值均为 100mg/g，即吸附的 S_1 为 TOC 的 0.1 倍，与 Pepper 和 Corvi（1995）的统计结果一致。

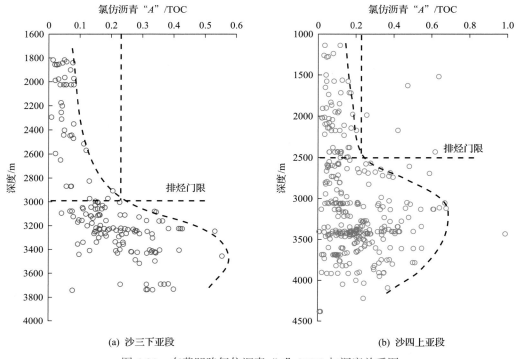

图 4-35　东营凹陷氯仿沥青"A"/TOC 与深度关系图

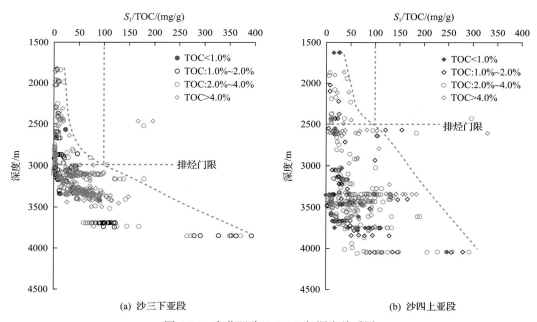

图 4-36　东营凹陷 S_1/TOC 与深度关系图

根据这一比例，在确定页岩中的吸附烃时，就可以用有机碳的含量大致评估排烃门限时页岩中的吸附烃含量及其吸附能力。

二、应用溶胀吸附实验测定不同组分的吸附烃量

(一)原理方法

本次应用干酪根和矿物的溶胀实验来进行页岩留烃能力的研究，以确定其吸附烃量，具体采用质量法。

为了便于计算，本书认为：①有机质生成的油满足本身的吸附/溶解后，才会排到泥岩内；②泥岩划分为有机质、黏土矿物、石英、钙质四部分，不同部分具有不同的吸附能力；③只有满足四部分的吸附，多出部分为可流动油，分析流程见图 4-37。其中，有机质的留烃能力主要采用前期的研究成果(图 4-38)。

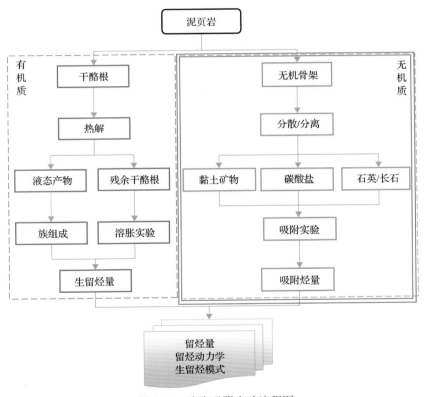

图 4-37　溶胀吸附实验流程图

由于矿物和有机质具有不同的留烃能力，研究中分别获取干酪根和矿物组分的留烃能力，具体计算公式如下：

$$S_\mathrm{p}=\gamma\sum(P_i\times X_i)+P_\mathrm{o}\times X_\mathrm{o},\qquad i=1,2,3 \tag{4-29}$$

$$\gamma = \frac{S}{S_0} = \left(\frac{\phi}{\phi_0}\right)^{\frac{2}{3}} \tag{4-30}$$

式中，S_p 为页岩的吸附能力，mg/g；P_i 为矿物组分相对含量；P_o 为干酪根含量；X_i 为矿物的吸附能力；X_o 为干酪根的吸附能力；γ 为与泥岩孔隙度变化有关的系数；S_0 和 S 分别为孔隙压实前后的比表面积；ϕ 和 ϕ_0 分别为泥页岩现今孔隙度和初始孔隙度。

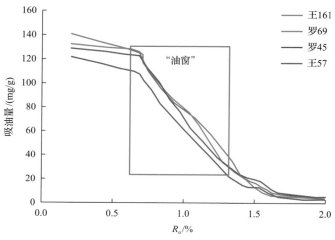

图 4-38　泥页岩中干酪根演化过程中吸附量的变化

(二) 样品准备及实验

实验样品为东营凹陷沙河街组泥页岩样品和樊页 1 井原油。样品的基本地球化学特征列于表 4-4 中，樊页 1 井页岩油的参数见表 4-5。

表 4-4　样品的基本地球化学特征

井名	深度/m	层位	岩性	TOC/%	S_1/ (HC mg/g)	S_2/ (HC mg/g)	S_3/ (CO$_2$ mg/g)	T_{max} /℃	HI/ (mg/g)	OI/ (mg/g)
王 57	3419.0	沙三下亚段	泥岩	9.23	11.06	66.97	2.85	439	726	31
王 78	3732.0	沙三下亚段	泥岩	2.40	4.98	9.53	1.73	439	397	72
河 97	3182.5	沙三下亚段	页岩	0.50	0.32	1.92	0.82	435	388	166
王 161	1911.8	沙三上亚段	泥岩	3.89	1.27	27.78	3.78	430	714	97

表 4-5　樊页 1 井页岩油参数

井名	深度/m	层位	岩性	饱和烃/%	芳香烃/%	胶质/%	沥青质/%
樊页 1	3199～3210	沙三下亚段	页岩油	61.5	17.99	14.03	6.47

泥页岩样品经浸泡、浮选等方法分离成无机矿物，然后用油样进行吸附实验。通

常，泥页岩可进一步分为硅质、钙质和黏土矿物。本节根据泥页岩特点，采用四步法分离无机矿物，进行吸附实验，实验流程如图 4-39 所示。

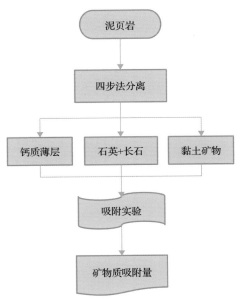

图 4-39　黏土矿物的分离与吸附实验流程

　　首先，将泥页岩表面清理干净，去除表面的油漆、污渍等，样品在去离子水中浸泡 20 天左右，每天搅拌 3～4 次直至样品被分散为单独的矿物颗粒；首选出钙质薄层，即所谓的"钙片"，并将"钙片"表面清理干净、备用。此时包裹在矿物颗粒表面的黏土矿物已经分离，用常规的基于 Stoke 方程的沉淀方法浮选出黏土矿物。将含黏土矿物的浸泡液移至含 2L 去离子水的烧杯中，沉淀 20min，取顶部 10cm 含细粒黏土矿物的水层，这一过程反复收集 5 次。收集到的黏土矿物经干燥、称重、备用。本次收集到的黏土矿物量明显低于文献报道的黏土矿物含量(李志明等，2010；张林晔等，2014a)，可能与粗粒黏土矿物未收集，以及黏土矿物与有机质相互作用而沉淀有关。最后一步是收集处理石英/长石颗粒。黏土矿物和"钙片"被选出以后，剩余矿物颗粒在 80℃下干燥，干燥后的样品在马弗炉中加热至 450℃保持 4h，去除有机质。然后用盐酸消解可能残余的碳酸盐，用 $ZnCl_2$(73%) 液体(液体密度约为 2.0g/cm³)进行浮选，收集密度大于 2.0g/cm³ 的颗粒，即石英/长石颗粒。

　　分选出来的无机矿物组分在 40℃干燥，在索氏提取器用二氯甲烷抽提 48h，去除可溶有机质，再次在 40℃下干燥、备用。选择 5 个分离出来的不同矿物进行了 XRD 检测，以定性检验分离矿物的纯度。事实上，本节中矿物的分离是希望找出能够代表该地区页岩的矿物组成，单一矿物的分离和吸附实验并非本节研究追求的目标。例如对于黏土矿物，我们并不需要分离出纯净的伊利石、蒙脱石或者伊蒙混层，研究其吸附特征，而是将岩石中黏土矿物作为整体来研究其吸附特征；我们也清楚地认识到，这里分离出来的所谓"石英"矿物并非纯净的石英,可能包含有长石,甚至岩屑。矿物吸附实验的目的是重建地下泥页岩的吸附潜力。分离出来的"矿物"能够代表研究区矿物组合,能够重建地下泥页岩的吸附潜力,是本节研究的重点。图 4-40～图 4-42 分别显示了钙质纹层、黏土矿物以及石英/长石的 XRD 图谱。

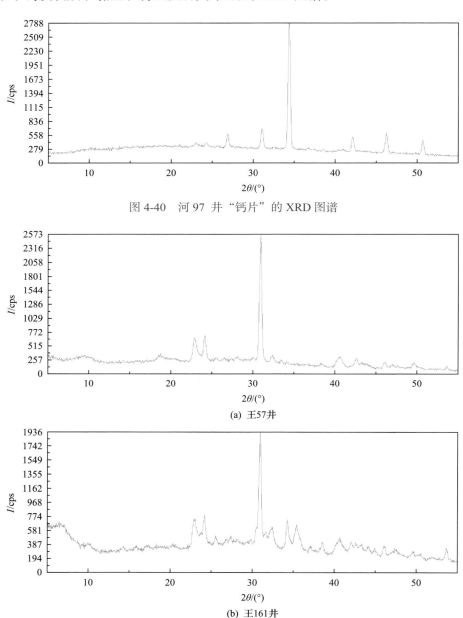

图 4-40　河 97 井"钙片"的 XRD 图谱

(a) 王57井

(b) 王161井

图 4-41　王 57 井和王 161 井黏土矿物的 XRD 图谱

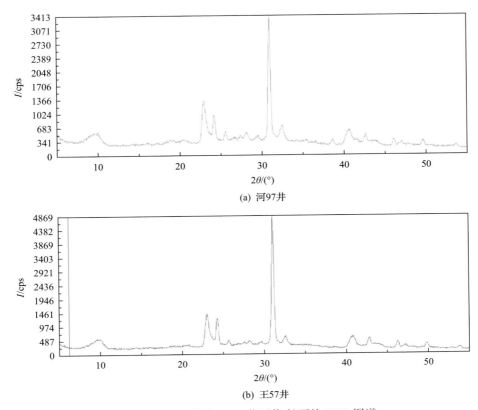

图 4-42　河 97 井与王 57 井石英/长石的 XRD 图谱

前人相关实验文献显示，矿物的吸附遵循吸附方程；原油浓度达到一定程度以后，吸附量不再增加，饱和浓度为 500ppm；平衡吸附时间最长在 48h 左右。本书的目标是确定地质历史时期，矿物对原油的吸附量。由于经历了漫长地质历史时期，平衡吸附过程已经完成，平衡过程及其参数并非地质学家和地球化学家关注的重点，而且与泥页岩的留烃作用、留烃量关系不大。因而，本次的研究重点放在获得地质条件下最大吸附量上。参考前人文献资料，实验吸附时间定为 48h；用樊页 1 井原油（表 4-6），在原油浓度分别为 500ppm、1000ppm 和 2000ppm 三种浓度下开展吸附实验。

实验在恒定矿物/原油溶液质量比下进行，矿物/原油溶液质量比为 1：10；原油溶于甲苯溶剂中，初始浓度在 500～2000ppm，在室温下（约 25℃）平衡吸附 48h 后测量吸附量。采用质量法确定原油的吸附量。每种矿物分成 5 等份，每个等份装入底端带聚四氟乙烯（PTFE）筛板的玻璃管中，在油溶液中浸泡 48h。然后，取出玻璃管在 3000r/min 下离心 15min。重复称重、干燥过程，直至样品质量恒定。吸附前后的质量差值即为矿物表面吸附原油量。每个样品重复实验 5 次。

（三）实验结果

完成 4 个样品分离及矿物的系列吸附实验。获得 3 种浓度下的 87 个矿物吸附实验数据（表 4-6）。

表 4-6 无机矿物对原油的吸附实验结果

矿物	井名	重复次数	不同浓度下的吸附量/(mg/g)		
			500ppm	1000ppm	2000ppm
石英/长石	王 57	1	2.7781	3.4675	2.1697
		2	3.6756	3.7582	2.5606
		3	3.6104	3.2591	3.2786
		4	3.1112	3.8789	3.0910
		5	3.1198	3.0997	3.8645
	王 78	1	1.7338	3.2386	1.9628
		2	1.3214	1.6263	1.9313
		3	1.2554	1.0518	1.1536
		4	1.6122	1.7411	1.3542
		5	2.5946	1.7078	1.8720
	王 161	1	2.5188	4.4357	2.3405
		2	1.8509	3.3189	2.8295
		3	2.7981	3.3665	1.6614
		4	1.7361	3.9582	2.4305
		5	1.7607	3.8374	3.3859
	河 97	1	0.3672	0.2808	2.5489
		2	3.4254	3.9304	3.2937
		3	2.2494	3.8084	2.1158
		4	1.0408	0.5098	1.8479
		5	0.5195	2.8236	3.3205
钙质	河 97	1	1.7087	1.1068	0.6019
		2	1.7073	1.4366	1.9572
		3	1.8273	1.6265	1.6466
		4	1.8629	1.4423	1.8629
		5	1.2290	1.8728	2.1264
黏土矿物	河 97		9.3598	8.7046	11.6997
	王 57		17.6386	17.9277	22.0723
	王 78		13.7831	15.6873	18.5890
	王 161		23.2602	22.0759	18.8071

对 87 个实验数据, 按照矿物、溶液浓度进行描述性统计分析, 统计出最大值、最小值、中值、均值和累计概率 25%、75% 的吸附量 (图 4-43)。

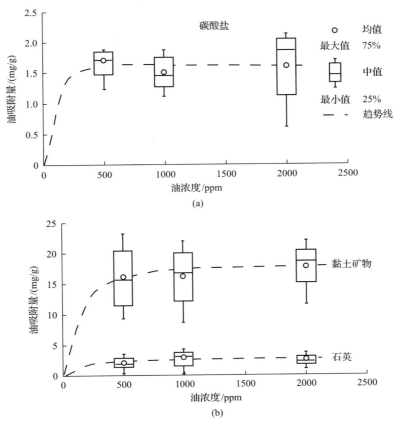

图 4-43 不同矿物的吸附量曲线

实验结果显示，"钙片"的吸附能力最小；黏土矿物吸附能力最大；石英吸附能力居中。统计的矿物对原油的平衡吸附量，黏土矿物为 18mg/g，石英颗粒为 3mg/g，"钙片"为 1.8 mg/g。前人的研究结果显示，黏土矿物 (Pan et al., 2005) 和储层岩心 (Minssieux et al., 1998) 中，吸附的原油族组分以极性组分，即以胶质和沥青质为主。极性组分在钙质粉末表面的最大吸附量为 2.1～3.6mg/g (Mohammadi and Sedighi, 2013)，明显高于"钙片"的实验结果，这是因为粉末样品的比表面积远高于分离出来的"钙片"。原油在石英粉末表面的吸附量接近 2mg/g (Daughney, 2000)；沥青质在石英表面的吸附量可达到 4.5mg/g (Ribeiro et al., 2009)，甚至达到 6.4mg/g (Pernyeszi et al., 1998)。沥青质在高岭石和伊利石表面的吸附分别为 33.9mg/g 和 17.1mg/g (Pernyeszi et al., 1998)。本次研究没有细分黏土矿物，吸附量介于高岭石和伊利石之间，可能与东营凹陷黏土矿物组成有关。据报道，东营凹陷黏土矿物中以伊蒙混层为主 (72%～92%)，而高岭石 (4%～12%) 和伊利石 (3%～20%) 所占比例较小 (陆现彩等, 1999; Pan et al., 2005; 张关龙等, 2006; 李志明等, 2010)。换言之，沙河街组泥页岩中的黏土矿物主要是伊蒙混层，因而东营凹陷黏土矿物吸附量更接近 Pernyeszi 等 (1998) 研究得出的伊利石吸附量。可见，我们的实验结果与文献资料数据有一定的可比性。

泥页岩中除了石英、钙质和黏土矿物外，还常有黄铁矿、磁铁矿等矿物，特别是黄铁矿比较常见，根据 Dudasova 等(2008)数据，黄铁矿对油的吸附能力比较集中，为10mg/g。表 4-7 总结了泥页岩中常见矿物在松散情况下的吸附能力。这些实验数据，为泥页岩留烃评价和地质建模奠定了坚实基础。

表 4-7　模型中所用的参数值

矿物吸附量/(mg/g)				有机质吸附量/(mg/g)	孔隙度/%[b]	
黏土矿物	石英	钙质	黄铁矿[a]		ϕ_0	ϕ
18.0	3.0	1.8	10.0	80.0	50	10

a. Dudasova 等(2008)。

b. 据张林晔等(2012, 2014)。

（四）模型应用及结果

在以上地质模型及计算方法的基础上，结合矿物组成及孔隙度资料，就可以计算泥页岩的吸附油能力。我们选取了东营凹陷沙三下亚段和沙四上亚段 600 多个有机碳热解数据进行页岩吸附油量计算。这些数据主要分布在 2500～4000m，基本涵盖了东营凹陷生油窗内的烃源岩。

根据计算结果分析，泥页岩吸附油的能力与 TOC 具有很好的正相关关系(图 4-34)，且吸附油/TOC 均大于 100mg/g。由此可见，吸附潜力 S_p 趋势线与油饱和度指数(OSI)线(吸附油/TOC=100mg/g)具有一定的区别，OSI 仅考虑有机质的吸附，而此处的吸附油考虑了有机质和泥岩矿物的吸附，因此更科学、更精确。在 TOC 较高时，TOC 对吸附油能力具有较强的影响。在 TOC 较低时，泥页岩的吸附能力主要反映无机矿物的吸附能力，无机矿物的综合吸附能力大约在 1mg/g(图 4-44)。

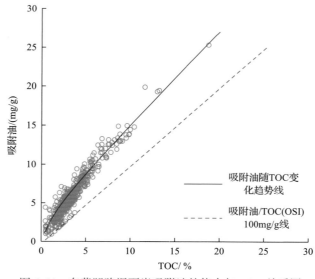

图 4-44　东营凹陷泥页岩吸附油的能力与 TOC 关系图

从吸附油剖面来看（图 4-45），随着有机质的生烃演化的增加，页岩的有吸附能力逐渐降低，但进入大量生烃以后又略有增加，这可能与此时无机孔隙度的增加而增加来看无机矿物的吸附量有关。

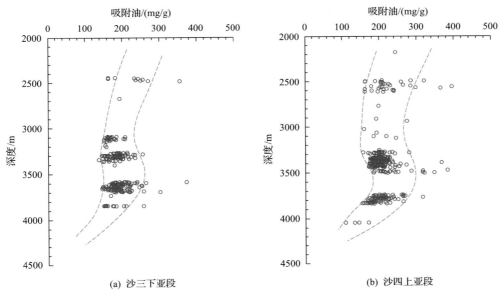

图 4-45　东营凹陷沙三下亚段和沙四上亚段吸附油剖面

三、应用物理模拟实验直接评估可动烃量

（一）实验装置及设备条件

直接用物理模拟的方法模拟地下温压条件流体的排出。为了更好地模拟地层条件（温度、压力及流体介质）下的流体产出特征，设计了泥页岩可动油量模拟实验装置，如图 4-46 所示。

高压恒压泵连接于地层水容器和高压釜之间，并将地层水容器中的流体注入到高压釜内样品中，施加相当于地层条件下的流体压力。地层水容器可用直接从地下采得的地层水或实验室配制的地层水。第一阀门位于高恒压泵与高压釜之间的管线上，装卸样品时关闭，实验时打开。高压釜内放置垫块和泥页岩样品。垫块根据高度分为不同规格，根据实验样品的量选用不同规格的垫块，来减少高压釜内的自由空间。高压釜放置在加热炉内，加热炉用于加热高压釜并稳定在相当于地层条件下的温度。加热炉最高温度 200℃，并有控温功能，温度控制误差小于 1℃，可根据地层条件下泥页岩温度设定实验温度。第二阀门位于高压釜与油收集瓶之间的管线上，高压釜内样品增压时关闭，卸压收集产物时打开。油收集瓶连接于高压釜，用于收集高压釜内泥页岩样品经历加压、泄压过程后产出的流体。溢流瓶连接于油收集瓶，用于收集瓶内流体较多时的溢流。油收集瓶具有密封胶塞，高压釜出口不锈钢管线通过密封胶塞插入油

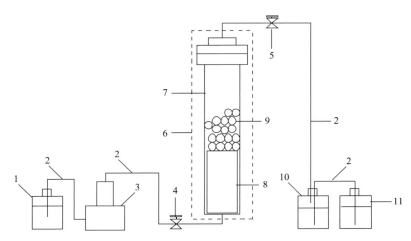

图 4-46　模拟实验装置流程图

1-地层水容器；2-管线；3-高压泵；4、5-高压阀门；6-加热炉；7-高压釜；8-垫块；9-页岩样品；
10-油收集瓶；11-溢流瓶

收集瓶上部，另有不锈钢管线一端穿过胶塞插入油收集瓶底部，另一端接入溢流瓶，作为虹吸管，油收集瓶内液体较多时，下部的水通过虹吸进入溢流瓶。高压釜承受压力约为 60MPa，并且在 60MPa 时具有较好的密封性。高压恒压泵最大工作压力可达 80MPa，并且能自动控制压力。可根据地下泥页岩实际流体压力设置实验压力。第一阀门和第二阀门承受压力需在 60MPa，并且在 60MPa 时具有较好的密封性。

（二）实验操作过程及方法

将泥页岩样品粉碎至一定的大小的颗粒，装入高压釜，将高压釜用密封圈密封。将容器内部充满地层水或与地层水性质相近配置的实验用水。以管线和阀门连接实验流程各组件。用加压泵向釜内打入水，使水充满整个釜内空间，关闭出口，并加压至略低于实验所需压力（地层条件下的压力）。升温至地层温度并恒温，再用加压泵加压至地层条件下的压力，过一定时间，关闭注入阀门，打开流出阀门，收集流出流体，并计量流出油量。再施加流体压力，经过多次重复地施加压力—释放压力—收集流体—施加压力的循环过程后，定量收集总流出油量。实验结束后，取出釜内泥页岩样品做进一步的分析测试。

在泥页岩可动油模拟实验中，其可动油量和可动油比例在理论上可以采用多种方法计算：本次研究中，主要采用原始氯仿沥青 "*A*" 与模拟后残余样品氯仿沥青 "*A*" 的差值及原始氯仿沥青 "*A*" 来计算可动油量及比例。

（三）实验结果

根据实验计算结果表明（图 4-47），不同岩相页岩的可动烃含量均具有随着深度增加而增加的趋势，纹层状泥页岩在浅处比层状泥页岩的可动油率低，但随着演化程度的增加，可动烃率迅速增加，并超过层状泥页岩。在 3600m 以下，块状泥页岩中的可动烃率要明显低于层状泥页岩中的可动烃率。

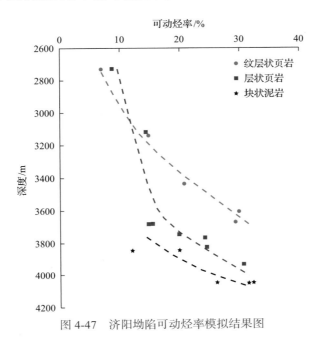

图 4-47　济阳坳陷可动烃率模拟结果图

第六节　页岩油资源评价结果

在获取了不同深度下的氯仿沥青"A"恢复系数、热解轻烃恢复系数、热解 S_2 中重烃比例系数、泥页岩的留烃能力以及泥页岩密度等参数后，根据研究区不同级别的泥页岩有机质含量、氯仿沥青"A"含量、热解 S_1 含量、厚度分布、埋深、气油比等参数，计算了济阳坳陷不同级别泥页岩的滞留油量和页岩油量。计算过程中，为求精确，将不同级别泥页岩分布区在平面上均分为 500m×500m 的网格区，分别计算各网格区内目的泥页岩的滞留油量和页岩油量，所有网格的滞留油量和页岩油量之和即为总滞留油量和页岩油量。

从两种方法的计算结果看（表 4-8），除伴生气外，两种方法的计算结果非常接近，济阳坳陷沙三下亚段总滞留油量用氯仿沥青"A"法计算结果为 157.59 亿 t，热解法计算结果为 151.71 亿 t；页岩油资源量氯仿沥青"A"法计算结果为 26.71 亿 t，热解法计算结果为 25.98 亿 t；伴生气量氯仿沥青"A"法计算结果为 3567 亿 m³，热解法计算结果为 2474 亿 m³。沙四上亚段页岩油资源量：氯仿沥青"A"法计算结果为 87.65 亿 t，热解法计算结果为 85.25 亿 t；页岩油量氯仿沥青"A"法计算结果为 14.94 亿 t，热解法计算结果为 14.48 亿 t；伴生气量氯仿沥青"A"法计算结果为 3355 亿 m³，热解法计算结果为 1880 亿 m³。济阳坳陷沙三下亚段和沙四上亚段总的页岩油量氯仿沥青"A"

法计算结果为 41.65 亿 t，热解法计算结果为 40.46 亿 t。

表 4-8　济阳坳陷页岩油资源量计算表

地区	层位	氯仿沥青 "A" 法				热解法			
		滞留油量/亿 t	吸附油量/亿 t	游离油量/亿 t	伴生气/亿 m³	滞留油量/亿 t	吸附油量/亿 t	游离油量/亿 t	伴生气/亿 m³
东营	沙三下亚段	65.45	54.06	11.39	1169	63.27	51.7	11.56	1096
沾化		38.59	31.03	7.56	703	37.53	30.28	7.25	556
车镇		33.08	29.11	3.97	997	31.82	27.78	4.03	420
惠民		20.48	16.69	3.79	697	19.1	15.96	3.13	402
济阳		157.59	130.88	26.71	3567	151.71	125.73	25.98	2474
东营	沙四上亚段	71.89	60.31	11.57	2170	70.56	58.87	11.68	1248
沾化		10.28	8.01	2.26	831	9.67	7.73	1.94	482
车镇		0.87	0.67	0.2	54	0.86	0.65	0.21	35
惠民		4.61	3.71	0.9	301	4.16	3.51	0.65	114
济阳		87.65	72.71	14.94	3355	85.25	70.77	14.48	1880

从平面分布来看，沙三下亚段资源丰度具有北高南低的特点（图 4-48），北部的沾化凹陷、车镇凹陷洼陷中部资源丰度最高，达到 350 万 t/km²，而南部的东营凹陷和惠民凹陷最高则为 250 万 t/km²，这与沙三下亚段在北部两个凹陷厚度大、埋藏深的特点一致。沙四上亚段页岩油的分布特点则表现为东高西低（图 4-49），东部的东营凹陷、沾化凹陷资源丰度最高分别达到了 200 万 t/km² 和 150 万 t/km²，而车镇凹陷和惠民凹陷最高仅为 50 万 t/km²，而且分布范围小，与页岩的发育规模一致。

从资源量的分布来看，沙三下亚段的页岩油资源量主要分布在东营凹陷和沾化凹陷，分别占 42% 和 27%（图 4-50），车镇凹陷和惠民凹陷分别占 17% 和 14%。沙四上亚段页岩油量主要分布在东营凹陷，占 78%；其次是沾化凹陷，占 15%；车镇凹陷和惠民凹陷分别占 1% 和 6%。

从纵向上来看，东营凹陷和沾化凹陷沙三下亚段页岩油主要赋存于埋深 3000～3500m 深度段的页岩中，分别占整个凹陷沙三下页岩油量的 55.23% 和 50.77%（图 4-50），目前发现的页岩油油流井段主要分布在这个深度范围内。其次是 3500～4000m 深度段，分别为 39.52% 和 38.77%。车镇凹陷和惠民凹陷则主要分布在 4000～4500m 的深度范围内，分别占 45.93% 和 43.89%。东营凹陷沙四上亚段页岩油资源量在 3000～3500m 和 3500～4000m 范围内大致相当，分别占 33.27% 和 36.70%，在沾化凹陷、车镇凹陷和惠民凹陷则主要赋存于 4000～4500m 的深度范围内，分别占 45.47%、54.15% 和 64.40%。

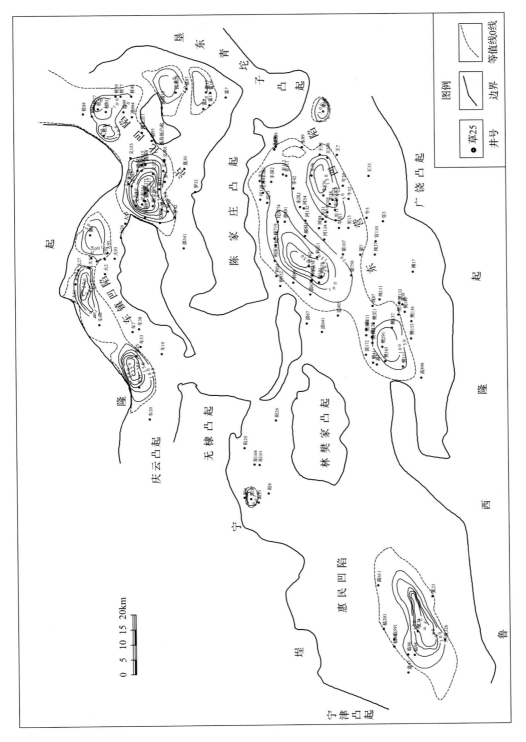

图4-48 济阳坳陷沙三下亚段页岩油资源丰度等值线图(单位: 万t/km²)

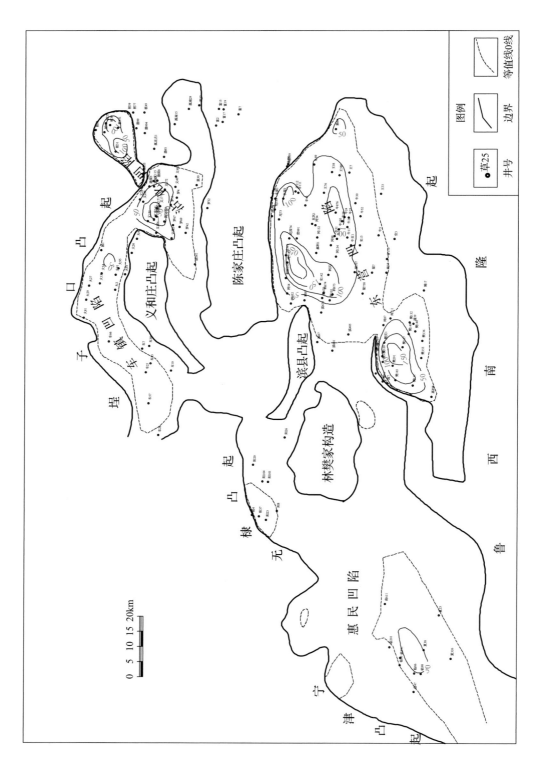

图4-49 济阳坳陷沙四上亚段页岩油资源丰度等值线图（单位：万t/km²）

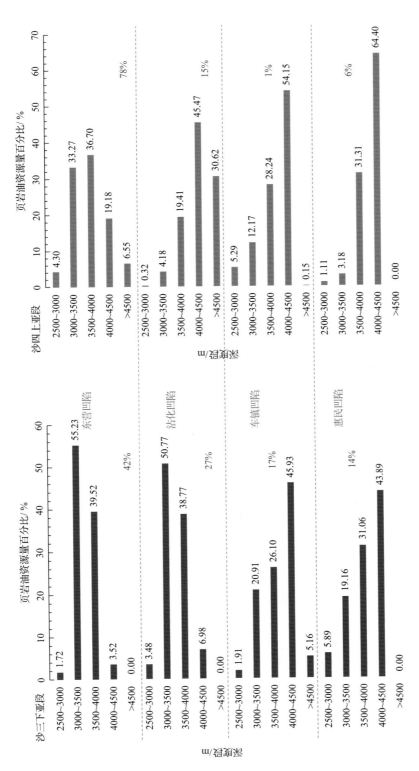

图4-50 济阳坳陷古近系页岩油资源量分布图

第五章 页岩油富集模式与成藏边界条件

第一节 页岩油分布特征

目前济阳坳陷页岩油产出井主要位于沾化凹陷的渤南洼陷和东营凹陷，其中渤南洼陷是工业性页岩油井最集中的洼陷，出油层段主要分布在沙三下亚段和沙一段。不同类型的页岩油储层具有很好的分布规律，砂岩夹层型主要分布在新义深 9 井以北的区域，产层主要为沙三下亚段，沙一段储层也分布在该区域，但主要为碳酸盐岩夹层；渤南洼陷新义深 9 井及其以南区域，则主要以泥页岩储层为主，另有 3 口夹层则为碳酸盐岩，未见砂岩夹层(图 5-1)。对于另一个页岩油井比较集中的车镇凹陷大王北—郭

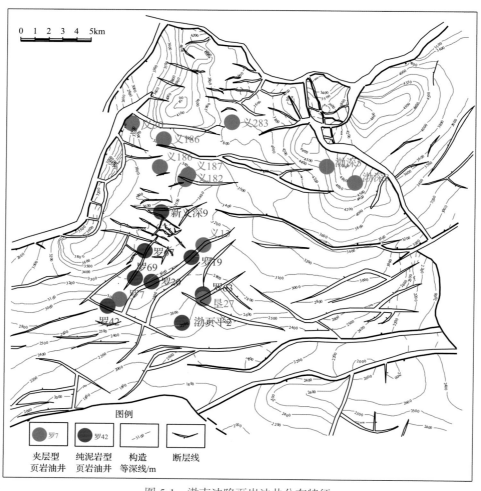

图 5-1 渤南洼陷页岩油井分布特征

局子地区，该区页岩油井储层均为沙三段，页岩油井的分布同样具有很强的规律性，西边三口为夹层型，夹层岩性为碳酸盐岩，东边则均为泥页岩型(图 5-2)。从构造位置看，这两个地区所有页岩油井处于构造斜坡带，且断裂相对发育。

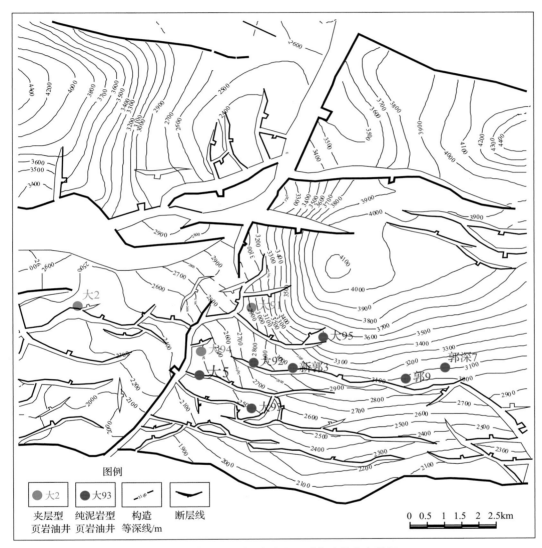

图 5-2　大王北—郭局子地区页岩油井分布特征

　　沙三中亚段、沙三下亚段和沙四上亚段为东营凹陷泥页岩主力发育层系，是主要的页岩油气发育层段。沙三下亚段页岩油气显示主要分布于洼陷带、陡坡带和中央隆起带埋藏深度相对较深的地区，沙四上亚段页岩油气显示分布范围宽于沙三下亚段，在洼陷带、陡坡带、中央隆起带和斜坡带均有分布(图 5-3、图 5-4)，分布相对分散，泥页岩储层主要分布在洼陷内构造相对高位，北东向断裂附近，而砂岩储层的井分布在斜坡部位(图 5-5)。

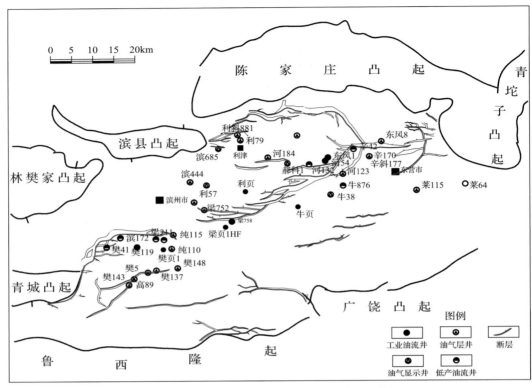

图 5-3　东营凹陷沙三下亚段油气显示平面分布图

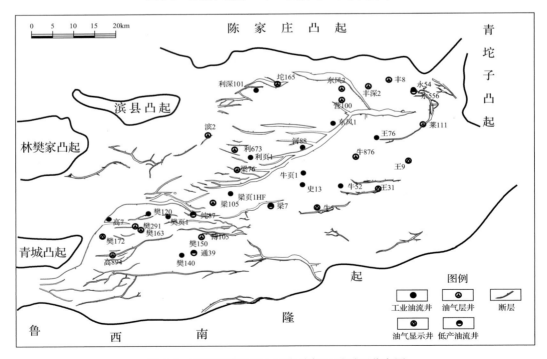

图 5-4　东营凹陷沙四上亚段油气显示平面分布图

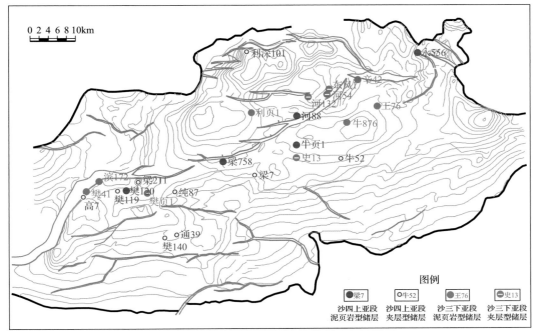

图 5-5　东营凹陷页岩油井分布特征

第二节　页岩油富集成藏的边界条件

中国东部富含有机质页岩主要为古近系页岩，热演化主要处于生油窗范围内，与北美的海相页岩油富集层相比，中国东部陆相富含有机质页岩存在时代新、演化程度相对较低。在岩石矿物组成方面，北美地区主要以生物成因的硅质矿物或生物成因的碳酸盐矿物组成，这种岩石不但有机质丰度高，储集性能好，而且可压裂性也好，而国内东部的古近系—新近系陆相地层中大部分地区碳酸盐主要以化学成因为主，局部为生物成因。因此，中国东部古近系—新近系陆相页岩中影响页岩油富集的因素及页岩油富集的条件未必与北美页岩油地区的相同，查清页岩油富集成藏的边界条件是页岩油资源分布规律及有利区预测的关键。

一、页岩油微观赋存孔隙大小边界

尽管前人对济阳坳陷沙河街组页岩油资源量进行了评价研究，认识到页岩油资源潜力巨大(宋国奇等，2013)，同时不少学者开展了页岩油储层特征描述，发现研究区页岩孔隙较小，以纳米孔隙和少量微米孔隙为主(Wang et al.，2016；王民等，2018)。页岩油在不同级别(尺度)孔隙中的赋存量和赋存形式(吸附、游离)直接影响着页岩油的可动性/可动量，即页岩油的可动性与其赋存机理密切相关。

通过对比洗油、未洗油泥页岩样品的低温氮气吸附、高压压汞实验结果来反映页岩油所赋存的孔隙孔径范围(图 5-6)。可以看出，洗油后样品的低温氮气吸附曲线和脱附曲线均明显高于未洗油样品[图 5-6(a)]，表明洗油过程使得样品中所蕴含的页岩油得以释放，且洗油前后滞后环也发生了变化，从楔形孔变为墨水瓶形孔；从洗油前后孔径变化来看，页岩油主要赋存于 3～80nm 的孔隙中[图 5-6(b)]。洗油前后样品的高压压汞实验结果可以看出，洗油后进汞体积明显增加[图 5-6(c)]，页岩油在几纳米到十几微米的孔隙中均有赋存[图 5-6(d)]。需要说明的是，高压压汞法注入压力较大，可达 200MPa，对于未洗油样品，较高的注入压力有可能使得样品中残留的游离油发生移动，挤入更小的孔隙。另外，对于塑性相对较强的有机质、沥青、黏土矿物，较高的压力可能会使其收缩，使得高压下反映出来较小孔隙的体积偏高。Wang 等(2015b)研究发现，高于 25MPa 后进汞就使页岩样品发生变形；李卓等(2017)采用 80nm 的节点拼接低温氮气吸附和高压压汞表征的页岩孔径，综合考虑，本书采用 65nm 作为两种实验反映孔径分布的拼接点。

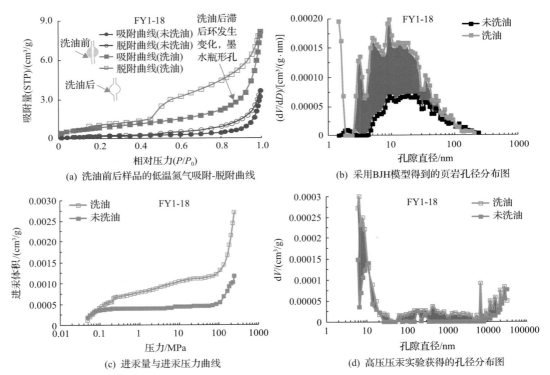

图 5-6　济阳坳陷沙河街组泥页岩洗油前后低温氮吸附和高压压汞实验结果及孔径分布特征
(b)和(d)中充填红色部分表示页岩油所占孔隙特征，STP 表示标准状况(标准温度和标准压强)。
dV 为孔隙体积增量；dV/dD 为孔隙体积随孔径的变化率

通过上述方法，评价了济阳坳陷沙河街组不同岩相页岩中所残留的页岩油所赋存的孔径范围(图 5-7)，可以看出残余油主要赋存于孔径小于 100nm 的孔隙中，富有机质岩相页岩中页岩油含量高于含有机质岩相[图 5-7(a)、(b)、(d)、(e)与图 5-7(c)、(f)相比]；纹层状→层状→块状，页岩油赋存于较大孔(大于 100nm)中的现象越来越不明显。

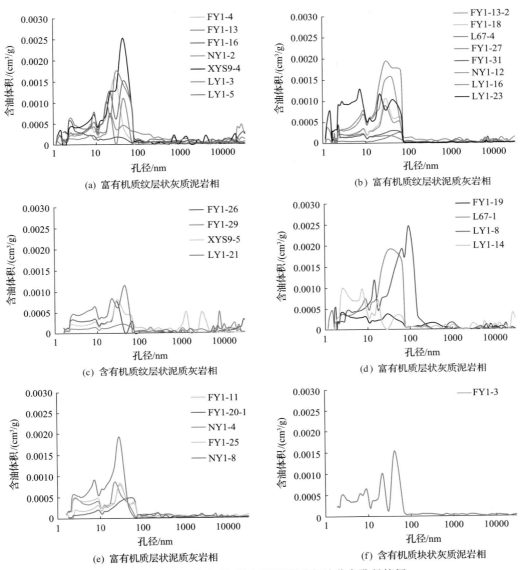

图 5-7　济阳坳陷沙河街组泥页岩残留油分布孔径特征

　　页岩油除在孔隙表面部分吸附外，在孔隙中以游离态形式存在，随孔径的变大，页岩油的可动性逐渐增强，即游离油量/可动油量逐渐增加。根据图 5-7 泥页岩残留油分布区孔径特征曲线，从孔径由大到小逐渐累计含油的体积，构建各泥页岩含油体积累计曲线（即某一孔径及其对应大于该孔径值时孔隙内的含油体积）。结合研究区该层段实际产出油密度特征（0.83g/cm³），计算大于某一孔径时的页岩油含量。以分步热解法所得的游离油含量为纵轴，以某一孔径及其对应的大于该孔径的孔隙内的含油量为横轴，做交会图［如图 5-8（a）］，通过统计不同孔径条件下二者线性相关系数（R^2）及斜率，做交会图［图 5-8（b）］，该方法详细介绍见作者团队发表文献（李吉君等，2015；Wang et al.，2015a）。当斜率系数接近 1、相关性最大时，该孔径即为游离油赋存孔径下限值，可动油分布孔径评价方法与此类似。可以看出,随着统计尺寸由小到大的改变,分步热解法得到的游离油量与洗油前后获得的页岩油在不同尺度孔径范围内页岩油量相关系数先增加后降低,最高为 0.7071[图 5-8(a)],此时对应的拟合方程斜率约为 1[图 5-8(b)],表明游离油赋存的下限可能为 5nm,即小于 5nm 的孔隙中均为吸附态油,该结论与采用分子动力学模拟得到的"4nm 孔径以下孔隙中均为吸附态页岩油"基本一致(Wang et al.,2015b)。采用该方法得到可动油的下限约为 30nm[图 5-8(c)、(d)]。

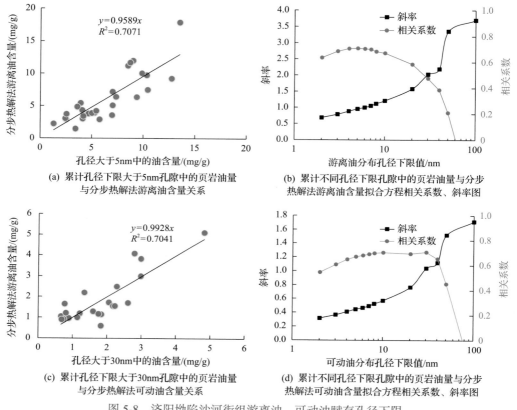

图 5-8 济阳坳陷沙河街组游离油、可动油赋存孔径下限

近年来,李俊乾等基于页岩微观孔隙结构特征、孔隙系统内烃分子吸附/游离特征及毛细凝聚理论,建立了页岩油赋存与微纳米孔喉结构之间的耦合关系,提出了描述微纳尺度孔隙内页岩油赋存的吸附比例方程(Li et al., 2017, 2018; Li et al., 2019a;李俊乾等,2019),公式如下:

$$r_a = \cfrac{1}{1 + \cfrac{\rho_2}{\rho_1}\left(\cfrac{d_m}{FH} - 1\right)} \tag{5-1}$$

式中,r_a 为吸附相占总量的质量比,分数;ρ_1 为吸附相油密度,g/cm³;ρ_2 为游离相油密度,g/cm³;d_m 为平均孔隙大小,nm;F 为孔隙形状因子,无量纲;H 为吸附相厚度,nm。

根据吸附比例方程可知，页岩油可流动的孔隙尺寸下限，理论上等于孔隙形状因子与吸附厚度的乘积(即 $d=FH$，其中 $F=2$、4、6 分别代表平行板状孔、柱状孔、球形孔)；页岩孔隙大小(d_m)与孔隙尺寸下限(d)之比越大，吸附比例越低；吸附相油密度(ρ_1)与游离相油密度(ρ_2)之比越大，吸附比例越高。式(5-1)为认识页岩微观结构、页岩油赋存与可动性之间的内在联系奠定了理论基础。

此外，对济阳坳陷沙河街组泥页岩开展 FE-SEM 实验观察，发现不少样品的孔缝中有页岩油的析出(图 5-9)，析出位置可以是有机质孔、黏土矿物-有机质粒间孔、微裂缝、黄铁矿晶间孔边缘。统计发现，最小析出油的孔隙尺寸约为 50nm，即 FE-SEM 实验(真空)条件下页岩样品中油的可动下限约为 50nm，高于前一部分得出的可动油下限(30nm)，原因可能是更小尺寸孔隙的析油现象不明显，难以人眼观察。

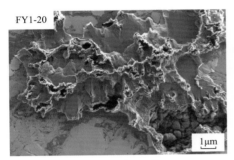

(a) 无机孔边缘析出油(樊页1井，3249.13m)

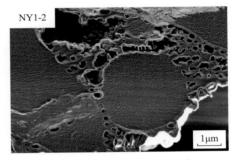

(b) 蜂窝状有机质孔隙边缘析出油(牛页1井，3302m)

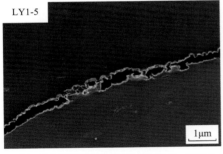

(c) 有机质内部裂缝边缘析出油(利页1井，3618.2m)

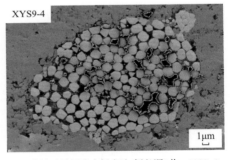

(d) 黄铁矿晶间孔内析出油(新义深9井，3382m)

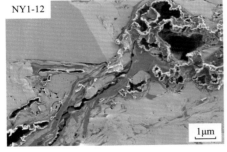

(e) 有机质孔边缘析出油(牛页1井，3424.41m)

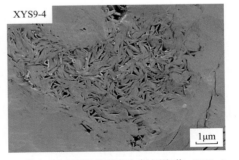

(f) 黏土矿物间孔边缘析出油(新义深9井，3382m)

图 5-9　济阳坳陷沙河街组页岩中析出油特征(孔隙边缘亮色裙边为析出油)

二、页岩油富集成藏的深度边界

目前，济阳坳陷已发现的工业性页岩油气井 37 口，主要分布在东营凹陷、沾化凹陷的渤南洼陷，其次是车镇凹陷和惠民凹陷。页岩油储集段主要为泥页岩和砂岩或灰岩夹层两种。根据页岩油产层分布、含油饱和度以及游离油量对应深度的关系进行分析，明确页岩油富集的深度边界。

从页岩油产层的分布范围看（图 5-10），东营凹陷沙三下亚段泥页岩富集层的页岩油主要分布范围为 3000~3700m，夹层富集层则分布在 2900~3500m，沙四上亚段泥页岩富集层的页岩油主要分布范围为 2900~3300m，夹层富集层则分布在 2750~4400m，值得注意的是，超过 4000m 的均为沙四上纯下夹层，为凝析油。沾化凹陷的渤南洼陷沙三下亚段泥页岩富集层的页岩油一般在 2800~3600m，夹层型的页岩油则一般发育在 2600~3800m，而沙一段全为夹层型富集层，其深度集中在 2700~2900m。从页岩油富集层发育的深度范围看，泥页岩型的富集层均发育在成熟烃源岩范围内，夹层型富集层范围相对较宽，可以在成熟烃源岩附近，其垂向距离成熟门限一般不超过 200m。

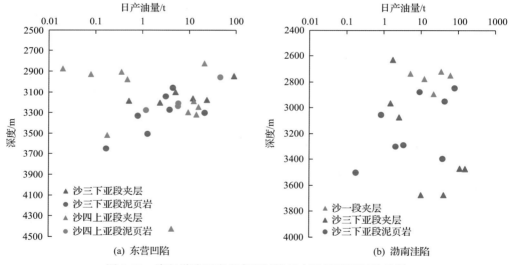

图 5-10　济阳坳陷页岩发育段试油日产油量随埋深关系图

从统计的页岩油富集层的含油饱和度来看（朱德顺，2016），工业性油气流层的含油饱和度均大于 40%（图 5-11）。如果以此作为工业性页岩油富集层的临界饱和度的话，东营凹陷泥页岩富集层发育的 3000~3500m 区间孔隙度平均在 7%，满足泥页岩 7%孔隙度和 40%含油饱和度所需的含油量大致为 10mg/g。

根据济阳坳陷页岩油井页岩油富集层的地球化学参数统计发现（图 5-12），纯泥页岩型页岩油富集层有机碳含量均大于 1.8%，S_1 大于 2.0mg/g，氯仿沥青"A"含量大于 0.5%，这些界限值，除 TOC 有差别外，其他与 I 级页岩的界限基本一致。从对不同级别页岩样品的游离油含量计算值来看，只有Ⅰ级页岩的游离油含量达到 10mg/g（图 5-13），即满足平均 7%孔隙度页岩油富集的含油饱和度。从济阳坳陷页岩油富集层的统计资料分析看，泥页岩型页岩油产油层 S_1/TOC 均大于 100mg/g，氯仿沥青"A"/TOC 的值大于 0.2，这些界限与北美页岩油富生产井段研究结果基本一致（王民等，2019）。根据页岩中游离油量的演化趋势（图 5-14），按 10mg/g 作为页岩油富集的边界条件，则东营凹陷沙三下亚段满足页岩油富集的深度段为 3050～3850m，沙四上亚段满足页岩油富集的深度段为 2750～3950m，已发现的页岩油富集层的深度均分布在这一范围内。

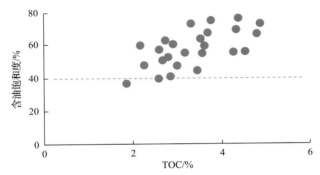

图 5-11　济阳坳陷工业性油气流井产层含油饱和度与 TOC 相关图（据朱德顺，2016）

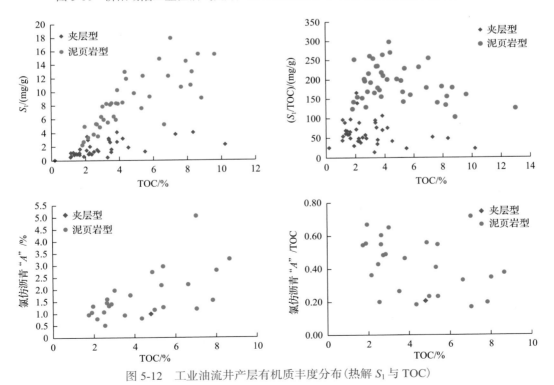

图 5-12　工业油流井产层有机质丰度分布（热解 S_1 与 TOC）

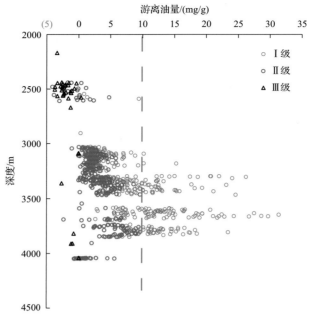

图 5-13　不同级别页岩中游离油演化剖面

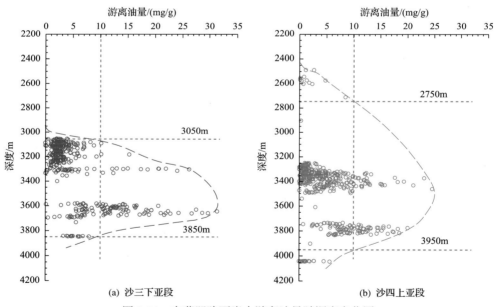

(a) 沙三下亚段　　　　　　　　　(b) 沙四上亚段

图 5-14　东营凹陷页岩中游离油量随深度变化图

　　因此，东营凹陷页岩油富集的深度门限沙三下亚段泥页岩型在 3000m 左右，夹层型富集层在 2800m 左右；沙四上亚段泥页岩型在 2700m 左右，夹层型在 2600m 左右。

三、页岩油可动边界

　　核磁-离心实验是将核磁共振实验与离心实验相结合，利用离心力克服毛细管力对页岩油的束缚，将岩石孔隙中的页岩油驱动出来，通过对比页岩岩心在饱和前后及离心前后各状态下的核磁共振 T_2 曲线间差异分布，定量获得页岩油在孔隙中的分布范围和分布比例，并定量得知不同孔隙尺度下产生的页岩油可动量情况，实现对页岩油精细尺度下的定量评价（Li et al.，2019b）。

离心法实验结果表明，在离心力 2.76MPa、离心时间 8h 条件下，页岩油不可动量约占总含油量的 88.3%，可动量占 11.7%（图 5-15）。纹层状/层状岩相泥页岩层间缝对可动油贡献高达 50%，而块状岩相仅为 17.5%（图 5-16）。页岩物性（尤其是渗透率）影响可动油量，即孔隙度、渗透率越大，可动油量越高（图 5-17）。

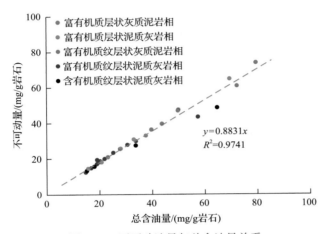

图 5-15　不可动油量与总含油量关系

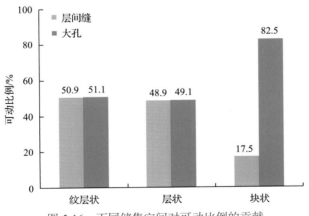

图 5-16　不同储集空间对可动比例的贡献

页岩油可动比例主要分布在 10%~20%，不同岩相的页岩油可动量、可动比例存在差异。对于可动量而言，纹层状页岩可动量最大，其次为层状，块状由于物性差可动量最低，灰质泥岩相可动量高于泥质灰岩相；可动比例方面，纹层状最大，其次为层状，块状最小，而灰质泥岩相可动比例小于泥质灰岩相。含有机质样品无论可动量还是可动比例上均高于其他岩相，建议关注含有机质或有机质含量较低的岩石类型(图 5-18、图 5-19)。

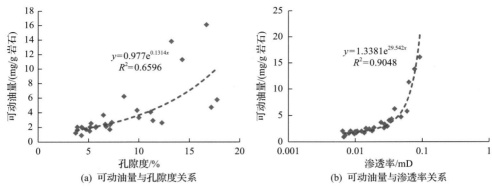

(a) 可动油量与孔隙度关系　　　　　(b) 可动油量与渗透率关系

图 5-17　可动油量与孔隙度、渗透率关系

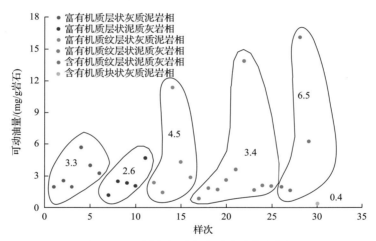

图 5-18　不同岩相页岩油可动量分布特征

图中数字是各岩相的可动油量平均值

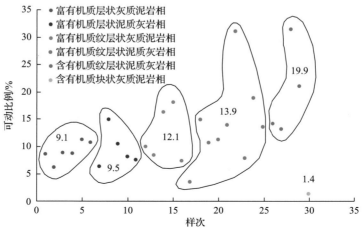

图 5-19　不同岩相页岩油可动比例分布特征

采用束缚水状态下驱油法分析吉木萨尔凹陷芦草沟组页岩油可动性，实验流程为洗油烘干、饱和水、离心造束缚水、饱和油、注水驱替。通过与济阳坳陷沙河街组页岩油可动比例进行对比，表明沙河街组页岩油可动比例（主要分布区间为 10%～20%）低于芦草沟组页岩油（主要分布区间为 32%～58%）（图 5-20、图 5-21）。

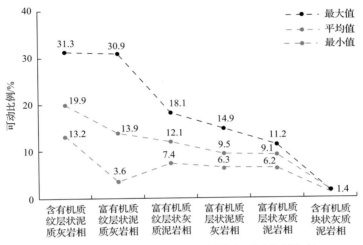

图 5-20　济阳坳陷沙河街组不同岩相可动比例分布

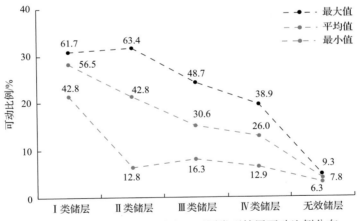

图 5-21　吉木萨尔凹陷芦草沟组不同类型储层可动比例分布

根据核磁共振原理，吸附态流体相比自由态流体具有更短的核磁弛豫时间，页岩中微小孔隙内的页岩油主要呈吸附态，较大孔隙内的页岩油主要呈游离态，所以可用核磁弛豫时间代表孔隙的孔径大小，核磁信号量代表孔隙的发育程度。本节根据样品各弛豫时间信号量高低，以峰谱低处作为分割点（$T_2=1ms$，$T_2=33ms$），将核磁曲线分为小孔、大孔和缝三部分储集区间。统计的各区间可动信号占总可动信号比例显示[图 5-22(a)]，页岩油可动量主要来自于大孔，平均占比 60%以上；其次为缝，平均占比 27.5%；大部分样品的小孔信号减少十分有限，少部分样品较明显。统计的各孔隙可动信号占该孔隙区间饱和态信号的比例显示[图 5-22(b)]，缝区间的信号减小比例最大，平均值可动量在 75%左右，部分样品高达 90%，大孔和小孔区间的信号减小占比较小，在 10% 以内。结果表明可动油主要发生在大孔，其次是缝，小孔贡献最低。缝中流体在离心力作用下最易排出，大小孔流体在离心作用下较难流动。

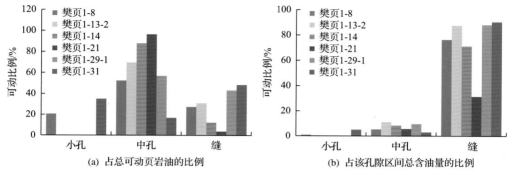

图 5-22　不同离心力下各孔隙区间核磁信号量变化趋势折线图

据核磁峰谱特征，将核磁曲线分为小孔、大孔和缝三部分孔隙区间，统计出不同离心力下各孔隙区间的信号量变化情况(王民等，2018)。可以看出，随离心力增加小孔内页岩油的可动情况最差，信号上下波动无明显下降[图 5-23(a)]。大孔内页岩油在离心力达到 0.33MPa 前信号下降不明显，在离心力达到 0.33MPa 后信号明显

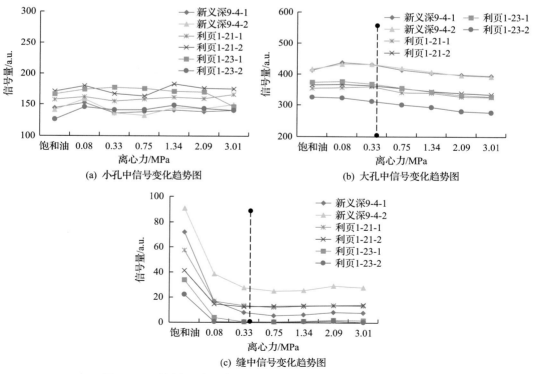

图 5-23　不同离心力下各孔隙区间核磁信号量变化趋势折线图

降低［图 5-23（b）］。大孔内页岩油在离心力达到 0.33MPa 前已经大量排出，继续增加离心力信号基本稳定不再下降［图 5-23（c）］。结果表明，随着离心力增加页岩油可动的孔径逐渐减小，这是离心力克服孔隙毛细管力的反映，即离心力大小与可动油下限孔隙大小成反比(陈方文等，2019)。

通过信号量与体积间的关系转化，确定页岩在不同状态下的含油量(Li et al.，2019b)，计算出不同离心力下页岩油可动比例，如图 5-23 所示。随着离心力增加，页岩油可动比例呈现出逐渐增加且趋于平缓的特征。离心压差越大，不同样品可动比例差异越明显。在 2.76MPa 离心条件下，页岩油可动比例分布在 20%～24%(图 5-24)。

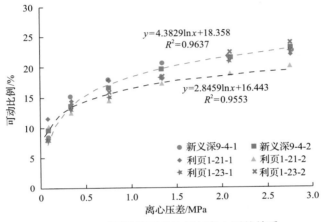

图 5-24 不同样品可动比例与离心压差关系

在探讨页岩油理论最大可动比例时，发现页岩油可动比例与离心压差的关系满足朗缪尔方程，即

$$Q_m = \frac{Q_f \Delta P}{\Delta P + \Delta P_L} \qquad (5\text{-}2)$$

式中，Q_m 为可动比例；ΔP 为离心压差；ΔP_L 为中值压力；Q_f 为理论最大可动比例。

将式(5-2)进行变化，则有

$$\frac{1}{Q_m} = \frac{\Delta P_L}{Q_f} \frac{1}{\Delta P} + \frac{1}{Q_f} \qquad (5\text{-}3)$$

通过绘制 $1/Q_m$ 与 $1/\Delta P$ 的关系，进而可求得页岩油的理论最大可动比例(图 5-25)。研究区理论最大可动比例为 17.6%～22.2%。

四、页岩油富集的动力学边界条件

对于页岩的储层特征，目前的研究主要集中在泥页岩的孔隙度、渗透率、孔隙类型、孔隙结构及形态等方面。然而对于工业性页岩油富集层，由于受取心限制，这方面资料几乎空白。另外，与页岩气相比，页岩油的富集层影响因素更为复杂，不同性

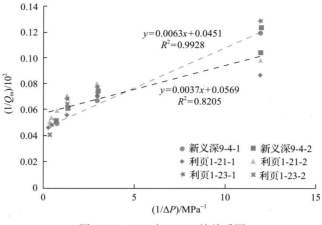

图 5-25　$1/Q_m$ 与 $1/\Delta P$ 的关系图

质、不同动力特征的页岩油，对页岩油富集层的要求具有很大差别。页岩油富集层边界条件实际上是富集层储集物性、含烃流体性质，以及含烃流体的动力学特征共同确定，是一个动态演化的过程。因此，页岩油富集的储集条件及流体动力学条件应该作为一个体系进行动态研究。

为了研究其流体动力学特征，有必要了解页岩油富集层的渗流特征。从产量较高、生产时间较长的罗 42 井生产动态变化特征来看(图 5-26)，其生产动态与致密油相似，即与致密油具有相似的渗流特征，即低孔低渗储集层中的流体特征。

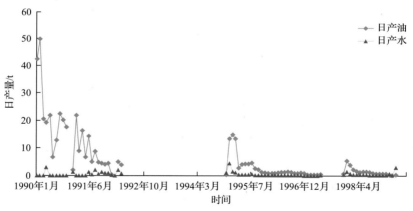

图 5-26　沾化凹陷罗 42 井生产动态图

大量研究表明，低渗透储层孔喉细小，渗透率低，固液相界面分子作用力不可忽略，形成附加渗流阻力，即需要启动压力。渗透率与流体黏度是启动压力梯度的主控因素，其公式如下：

$$\gamma = \frac{1}{a}\left(\frac{K}{\mu}\right)^b \tag{5-4}$$

式中，γ 为启动压力梯度；K 为空气渗透率；μ 为原油黏度；a、b 分别为启动压力与渗透率和黏度的系数，两参数可通过室内启动压力实验进行求取。

稳态法是在岩心两端建立一定压差，待整个系统稳定后测定该压差下的流量，依次测定不同压力下的渗流速度，获取该岩心的流体渗流曲线(图 5-27 中的 d—e—f 线)，通过数学处理方法来求取启动压力梯度(图 5-27 中的 a 点)(张鹏飞，2019)。

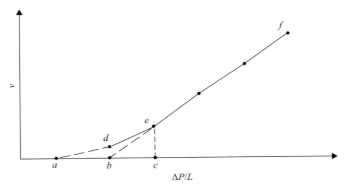

图 5-27　稳态法测定岩心的渗流曲线

v-驱替速度；$\Delta P/L$-驱替压力梯度。a 点-非线性渗流段端点，对应最小启动压力梯度值；b 点-拟启动压力梯度值；c 点-最大启动压力梯度值，也称为临界启动压力梯度；d 点-渗流曲线的初始实验点；e 点-非线性渗流段与拟线性渗流段的分界点；f 点-拟线性渗流曲线终点

针对罗 69 井样品开展分析测试，选择不同渗透率的样品进行启动压力实验，实验样品具体参数见表 5-1，从表中可以看出同一块样品在不同时间内分析测试的结果有一定差异，可能是由于泥页岩样品出露地表后脱水、风化作用影响所致。

表 5-1　罗 69 井实验样品基础数据表

样品编号	K_{a1}/mD	K_{a2}/mD	ϕ/%	L/cm	D/cm	备注
768		5.63	6.6	2.521	2.534	
88	0.497	3.87	3.5	2.511	2.534	
346	2.92	2.18	4.9	2.669	2.543	微裂缝
872	0.0076	1.48	2.3	2.515	2.508	
780	0.016	0.82	5.8	2.552	2.528	
272	0.44	0.13	2.2	2.513	2.525	
63	0.021	0.05	1.2	2.468	2.49	
416	0.015	0.04	1.2	2.409	2.474	

注：K_{a1} 是半年前常规物性测得的岩心空气渗透率；K_{a2} 是本次试验前测得的岩心空气渗透率；ϕ 是岩心孔隙度；L 是岩心长度；D 是岩心直径。

从井场取回的全直径岩样上沿着水平方向或垂直方向钻取柱塞样品，清洗岩样以除去岩样中的原油和盐分，经除油除盐后的岩样烘干后置于干燥器中待用，测定空气渗透率，抽空饱和模拟地层水，计算岩样的孔隙体积和孔隙度，模拟油藏的成藏过程(流程见图 5-28)，用实验用油驱替岩样中的模拟地层水至束缚水状态，计算岩样中的束缚水体积和束缚水饱和度，设定注入泵的流量为 0.0001mL/min，向岩样中注入实验用油，用压力传感器监测心两端的驱替压差，待驱替压差不再发生变化后记录下稳定后的驱替压差，逐步增大泵的流量，记录每个流量下稳定后的驱替压差，实验过程中对于 $K_a>1\text{mD}$ 的样品，与常规砂岩测试方法相同，即设定 4～5 个流量值，0.001mL/min、0.002mL/min、0.005mL/min、0.01mL/min、0.02mL/min，对应的驱替压力小于 0.3MPa，施加 1.5MPa 的环压，对于空气渗透率 $K_a<1\text{mD}$ 的样品，降低驱替速度和驱替压力梯度以减小净环压的影响，采用高精度低速驱替泵，精度为 0.00001mL/min，设定 2～3 个更低的流量值 0.0001mL/min、0.0002mL/min、0.0005mL/min。

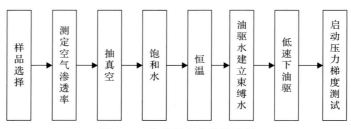

图 5-28 启动压力实验流程图

　　渗透率对页岩油的启动压力研究有重要意义，但泥页岩特别是烃源岩的渗透率以前研究很少，几乎没有相关资料。近年来，胜利油田钻探的几口泥页岩系统取心井为系统研究泥页岩的储集性提供了可能。本次优选页岩油气发现相对较为集中的罗家地区进行详细剖析。对罗 69 井 499 块沙三下亚段泥页岩孔隙度和水平渗透率分析结果表明，其孔隙度分布在 2%～15%，平均为 5%左右；渗透率最大可达 $6870\times10^{-3}\mu\text{m}^2$，一般小于 $10\times10^{-3}\mu\text{m}^2$。样品可分为两种类型，有裂缝的和无明显裂缝的。无明显裂缝样品的渗透率在 $0.0067\times10^{-3}\sim2.9\times10^{-3}\mu\text{m}^2$，一般小于 $1\times10^{-3}\mu\text{m}^2$；有裂缝的样品渗透率最小为 $0.161\times10^{-3}\mu\text{m}^2$，最高可达 $493\times10^{-3}\mu\text{m}^2$。沙四上亚段样品与沙三下亚段相似，10 块有裂缝样品渗透率分布在 $0.862\times10^{-3}\sim56.2\times10^{-3}\mu\text{m}^2$，无明显裂缝的 15 块样品渗透率为 $0.0048\times10^{-3}\sim0.529\times10^{-3}\mu\text{m}^2$，一般小于 $0.1\times10^{-3}\mu\text{m}^2$，可见裂缝对渗透率具有重要的影响(图 5-29)。从罗 69 井沙三下亚段不同层组泥页岩渗透率的概率分布来看(图 5-30)，在 P50 处泥页岩渗透率为 $4.2\times10^{-3}\sim5.3\times10^{-3}\mu\text{m}^2$。

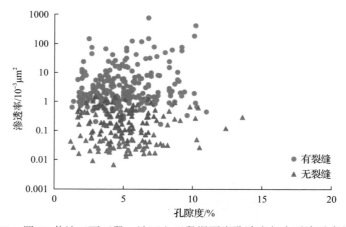

图 5-29 罗 69 井沙三下亚段、沙四上亚段泥页岩孔隙度与水平渗透率关系图

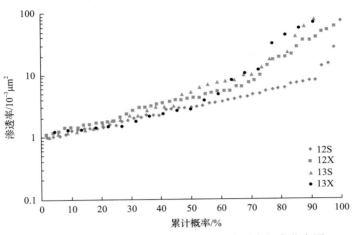

图 5-30 罗 69 井沙三下亚段不同层组渗透率概率分布图

原油黏度对页岩油启动压力的研究也发挥重要作用，地层原油黏度和密度的影响因素均主要包括原油组成、温度、压力和气油比等。根据常规油藏原油黏度的测试资料看，济阳坳陷原油黏度随深度增加而降低（图 5-31）。对于页岩油发育的深度段 2700～3800m，原油黏度为 0.5～4mPa·s，其间的页岩油黏度也在此范围内（图 5-31）。

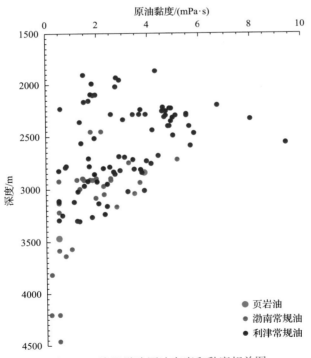

图 5-31 济阳坳陷原油密度和黏度相关图

根据实验数据计算渗流速度和驱替压力梯度，以渗流速度为横坐标，驱替压力梯度为纵坐标作趋势线，对于 $K_a>1mD$ 的样品采用一元二次多项式拟合实验数据，对于 $K_a<1mD$

的样品采用线性拟合实验数据，回归得到拟合公式，根据拟合公式的常数项就是油相启动压力梯度值。

从根据实验结果所建立的启动压力梯度与空气渗透率关系图版可以看出（图 5-32），泥岩与低渗透砂岩的渗透率越低，启动压力梯度越大，满足幂律函数关系，在相同渗透率级别，泥岩启动压力梯度高于砂岩启动压力梯度，且渗透率越低，泥岩启动压力梯度与砂岩启动压力梯度差别越大。

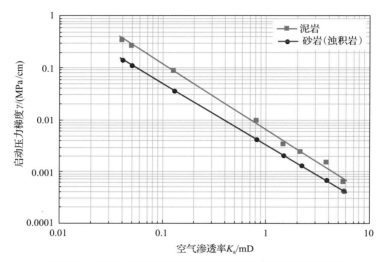

图 5-32　罗 69 井泥岩样品启动压力与空气渗透率关系图

在此基础上，结合流体黏度可建立泥页岩启动压力梯度与流度 (K/μ) 的关系式 $\gamma = 0.4903\left(\dfrac{K}{\mu}\right)^{-1.2443}$ 及图版（图 5-33）。

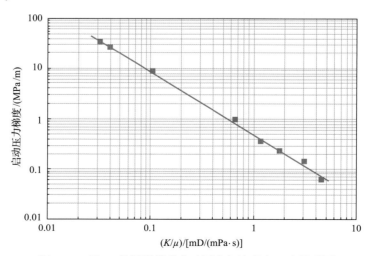

图 5-33　罗 69 井泥岩样品启动压力与流度 (K/μ) 关系图

根据泥页岩启动压力梯度与流度（K/μ）的关系式 $\gamma = 0.4903(K/\mu)^{-1.2443}$，可以计算不同渗透率地层中不同黏度原油的启动压力梯度。

计算结果表明，对同一黏度的页岩油来说，压力梯度与渗透率成反比，当渗透率低于某一值时，压力梯度迅速增加，而当渗透率大于此值时，压力梯度随渗透率的变化相对平缓，黏度越小，此拐点值越小（图 5-34）。对于济阳坳陷页岩油的黏度范围（0.5～4mPa·s）来说，拐点值大致在 2～15mD。

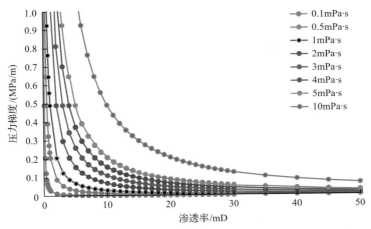

图 5-34　济阳坳陷不同黏度原油在地层中所需的启动压力梯度和渗透率相关图

济阳坳陷泥页岩型页岩油产层的地层压力较高压力系数一般大于 1.2，而对于产量较高的富集层来说，压力系数一般大于 1.4，最高可超过 1.8，按 3000m 的深度计算，剩余压力一般在 12～24MPa，即生产压差可达 12～24MPa，以 100m 的波及范围算，压力梯度在 0.12～0.24MPa/m，对于地层黏度为 1mPa·s 的油来说，渗透率只需大于 2～3mD 即可流动；对于地层黏度为 5mPa·s 的原油，渗透率需大于 8～16mD；对于地层黏度为 10mPa·s 的原油，渗透率则需大于 17～35mD 才可流动，这类原油一般是埋藏较浅的夹层型原油。

第三节　页岩油的富集模式

我国页岩油已经历 10 多年的勘探历程，多地区、多层系已获得产能突破，如准噶尔盆地二叠系芦草沟组、渤海湾盆地黄骅坳陷古近系孔店组二段、济阳坳陷古近系沙河街组四段上亚段（简称沙四上）—沙河街组三段下亚段（简称沙三下）多井次实现了页岩油工业化产能；更多地区、层系见不同程度油气显示，如鄂尔多斯盆地三叠系延长组 7 段、江汉盆地古近系潜江组、南襄盆地古近系核桃园组等，展现了我国页岩油巨大的勘探潜力，将是常规油气的主要接替类型之一，更是我国东部成熟探区油气的现实接替阵地之一。近年来，国内专家学者已在陆相页岩沉积规律，页岩油赋存、富集机理与页岩油"甜点"的储集性、含油性、可压性、页岩油可动性等方面开展了大量基础性的研究工作，但总体处在起步阶段，陆相页岩油富集要素仍旧不明、稳产因素不清、页岩油综合评价方法体系不完善。因此有必要剖析陆相页岩油"甜点"因素构成，建立页岩油富集模式，形成陆相页岩油综合评价方法体系，以期为我国东部陆相页岩油勘探开发提供理论依据(宋明水等，2020)。

由于我国陆相页岩油分布广泛，不同盆地页岩油富集模式不同，同一盆地不同凹陷富集模式也有差异。针对页岩油所属的岩性、岩相、聚集类型和储集空间等特征，赵贤正等(2020)针对歧北次凹沙三段页岩油提出"高TOC滞留型页岩油"(R型)和"低TOC运移型页岩油"(M型)两种富集模式(图5-35)；张君峰等(2020)针对松辽盆地南部白垩系青一段深湖相页岩油建立了高TOC值深湖层状和中—高TOC值半深湖纹层状两大陆相页岩油富集模式(图5-36)；蒽克来等(2020)对鄂尔多斯盆地三叠系延长组

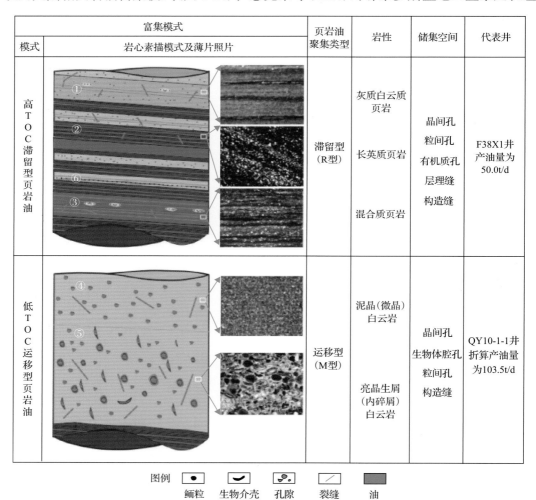

图 5-35 歧北次凹沙河街组三段页岩油的富集模式(据赵贤正等，2020)

① 灰质白云质页岩；②长英质页岩；③混合质页岩；④泥晶(微晶)白云岩；⑤亮晶生屑(内碎屑)白云岩；⑥粉砂岩

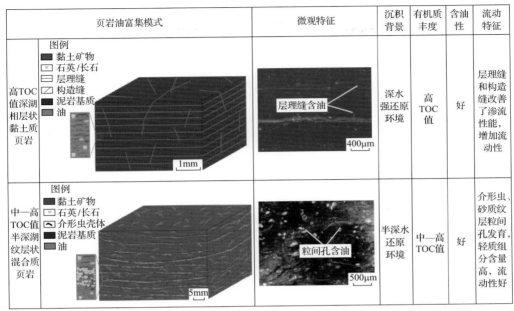

图 5-36　松辽盆地南部白垩系青一段页岩油富集模式(据张君峰等，2020)

长 7_3 亚段富有机质综合运用岩心观察、薄片鉴定、X 射线荧光元素分析、X 射线衍射分析、扫描电镜、高分辨率激光拉曼光谱、显微红外光谱等分析方法，建立"富有机质+粉砂级长英质"纹层组合页岩和"富有机质+富凝灰质"纹层组合页岩两类主要的页岩油富集模式(图 5-37)；王文广等(2018)基于沧东凹陷孔二段页岩油富集条件和控制因素的研究，建立以页岩油为核心的"源控""储层"和"带控"三种因素约束下的层区带油气富集模式(图 5-38)；赵贤正等(2021)也通过黄骅坳陷沧东凹陷孔二段和歧口凹陷沙三段 20 余口页岩油单井的组构相及超越效应分析，建立了"优势组构相–滞留烃超越效应"页岩油富集模式，并利用纹层微钻、元素能谱及全息扫描荧光技术，对四类组构相中不同岩性的纹层进行了含油性定量分析，进一步证实了纹层结构有利于页岩油富集的认识(图 5-39)。

　　通过对上述不同盆地、不同凹陷富集模式对比分析发现，虽然地区不同，但页岩油富集模式建立的依据及富集规律的主控因素分析有所相近。上述富集模式的建立主要是通过对岩相、有机质进行分析，但不同地区也有所不同，有的地区断裂发育较多。因此其构造和沉积特征对其富集模式建立具有重要作用，需要综合考虑多种因素，才可以建立可靠的页岩油富集模式。

　　2011 年以来，胜利油田积极开展页岩油勘探会战，先后完成了页岩油气专探井 8口，其中，系统取心井 4 口(累计岩心长 1020.26m)，水平井 4 口，仅仅突破了出油关，均未获得工业产能，但近几年的几口页岩油兼探井(Y182 井、Y186 井、Y187 井和 N52井)均获得工业油流，最高日产 154t。立足于济阳坳陷页岩油气的勘探实践，在大量岩心、分析化验资料、生排烃模拟实验和数理统计的基础上，对页岩油富集机理进行分析，建立了页岩油的富集模式(王勇等，2017)。

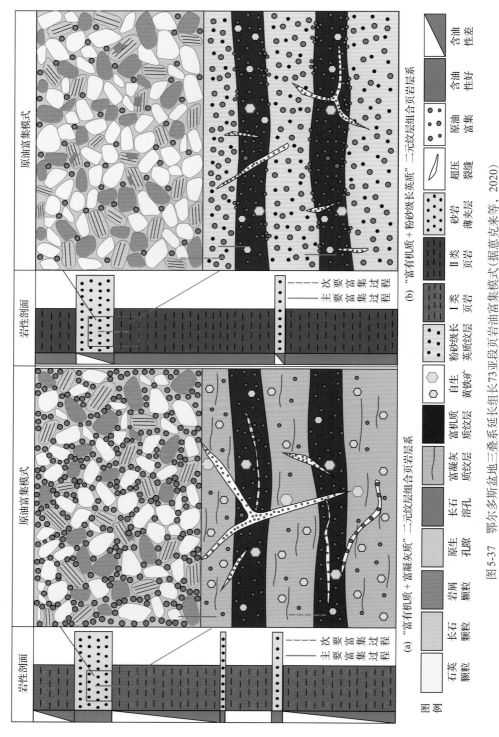

图 5-37　鄂尔多斯盆地三叠系延长组长73亚段页岩油富集模式（据苏克来等，2020）

I类页岩为"富有机质+富凝灰质"纹层组合页岩；II类页岩为"富有机质+粉砂级长英质"纹层组合页岩

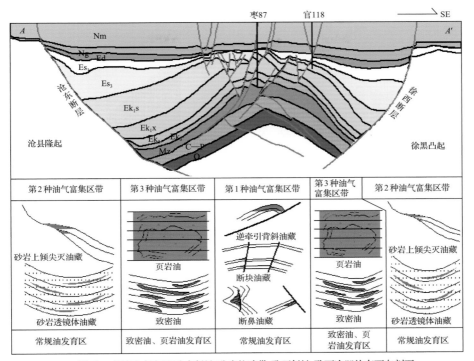

(a) 剖面AA'是跨孔东次凹-孔东斜坡-孔店构造带-孔西斜坡-孔西次凹的东西向剖面

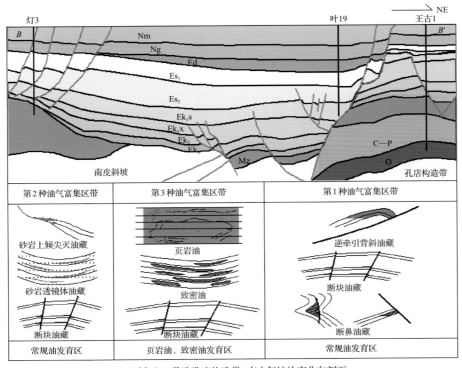

(b) 剖面BB'是跨孔店构造带–南皮斜坡的南北向剖面

图 5-38　黄骅坳陷沧东凹陷孔二段层区带油气富集模式(据王文广等，2018)

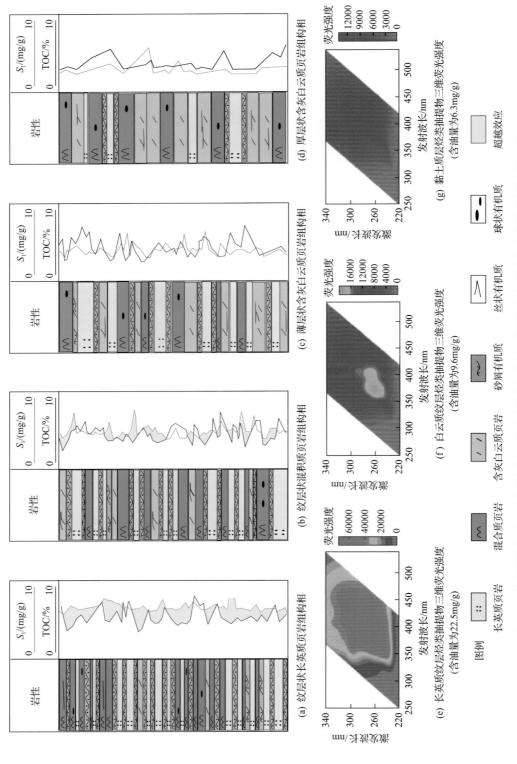

图 5-39　黄骅坳陷古近系深盆湖相"优势组构相－滞留烃超越效应"富集模式（据赵贤正等，2021）

由页岩油的富集机理可知，济阳坳陷页岩油的富集是由有机质、页岩储集空间、异常压力、有机质演化程度、油气的可动性和岩相决定的(宁方兴，2015a)。通过对单井进行解剖分析，依据出油井段页岩油富集要素演化及组合规律，结合页岩油富集产出特征及所处构造位置，建立济阳凹陷页岩油富集模式。

一、新义深 9 井

新义深 9 井位于沾化凹陷内渤南洼陷的斜坡与平缓底部过渡带，该井是一口工业油流井，自 1996 年钻探以来已累计产油 13164t，沙三下亚段日产油量最高可达 38.5t。

从扫描电镜结果来看(图 5-40、图 5-41)，新义深 9 井沙三下亚段泥页岩主要为纹层状构造，微裂缝较为发育，并结合其矿物组成分析，该井主要发育富有机质纹层状泥质灰岩相，从表 5-2 中可以看出，富有机质纹层状泥质灰岩相含油量很高，游离油量以及吸附油量都比较高；含油性、矿物组成和可压裂性等的垂向分布，以及"甜点"指数见图 5-42，尽管在试油段射孔处(3388~3405m，图内红色方框)没有取样和相关岩心分析测试，但测井预测结果显示，该段内泥页岩具有较高的 S_1/TOC、游离油含量，且岩石的脆性及可压裂性较高(高于截止值标记黄色部分)，评价的"甜点"指数介于0.08~0.31，平均值为 0.17，表明该层段为页岩油"甜点段"。该井页岩油射孔段的游离油量、储层可压裂性指数、"甜点"指数以及有利区泥页岩的厚度均较高，继而表现出较高的产油率特征。

该井 3361~3424m 深度段为页岩油"甜点段"(图 5-42 中的 16 道)。尽管近 80m地层内的页岩油游离油量较高，但存在两个深度区间(蓝色方框)：①3384~3388m，该段内具有可观的游离油量和 S_1/TOC 特征，但可压裂性较低；②3407~3424m，该段内

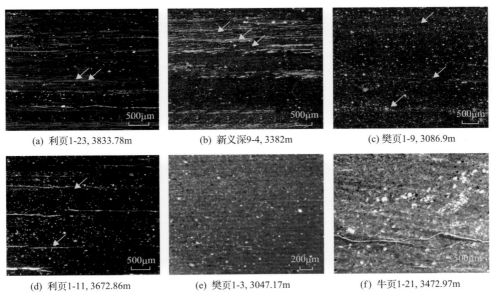

(a) 利页1-23, 3833.78m   (b) 新义深9-4, 3382m   (c) 樊页1-9, 3086.9m

(d) 利页1-11, 3672.86m   (e) 樊页1-3, 3047.17m   (f) 牛页1-21, 3472.97m

图 5-40　济阳坳陷沙河街组泥页岩主要沉积构造类型

(a)和(b)纹层状；(c)和(d)层状；(e)和(f)块状

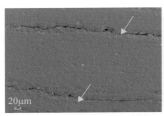
(a) 大视域下层间缝，新义深
9井，3417m

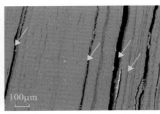
(b) 不同尺度的层间缝及裂缝，
王127井，3048m

(c) 长石矿物节理缝，牛页
1井，3373.1m

(d) 长石颗粒边缘缝，利页
1井，3672.86m

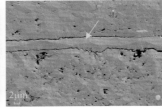
(e) 方解石条带边缘缝，牛页
1井，3373.1m

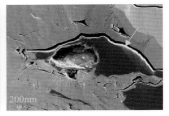
(f) 有机质边缘收缩缝，樊页
1井，3207.54m

图 5-41 济阳坳陷沙河街组泥页岩裂缝发育特征

表 5-2 研究区泥页岩有机质丰度及含油量参数统计表

分类		有机质丰度		含油量			
		TOC /%	(S_1+S_2) /(mg/g)	S_1 /(mg/g)	氯仿沥青 "A" /%	游离油 /(mg/g)	吸附油 /(mg/g)
凹陷	沾化	0.06~9.32 (2.92)	0.04~82.6 (17.45)	0.01~13.12 (1.95)	0.07~2.01 (0.85)	0.75~9.7 (5.33)	0.32~8.16 (6.32)
	东营	0.08~13.6 (2.81)	0.03~87.6 (16.56)	0.02~22.3 (4.23)	0.03~5.05 (1.06)	0.42~19.47 (6.07)	0.27~12.23 (5.31)
层位	沙三下	0.06~13.6 (3.17)	0.26~87.6 (19.4)	0.03~22.3 (3.66)	0.07~5.05 (1.1)	0.75~17.84 (6.04)	0.32~12.23 (6.11)
	沙四上	0.08~11.4 (2.44)	0.03~81.8 (13.6)	0.01~19.07 (3.89)	0.03~3.33 (0.98)	0.42~19.47 (5.97)	0.27~11.14 (4.58)
重点井位	樊页1	0.08~13.6 (2.45)	0.03~71.1 (12.3)	0.02~9.42 (2.62)	0.03~1.29 (0.66)	1.43~7.75 (4.01)	1.81~10.98 (4.75)
	利页1	0.66~13 (3.42)	2.15~67.7 (19.71)	0.55~17.94 (7.18)	0.74~5.05 (1.79)	4.74~19.29 (10.28)	2.47~12.23 (5.69)
	牛页1	0.15~12.8 (2.95)	0.09~87.6 (22.03)	0.06~22.3 (4.49)	0.14~3.01 (1.12)	0.42~19.47 (5.55)	0.27~11.14 (5.81)
	罗69	0.71~9.32 (3.09)	1.77~82.65 (19.11)	0.03~13.12 (1.95)	0.07~2.01 (0.77)	—	—
不同岩相	富有机质纹层状灰质泥岩相	2.03~13 (4.04)	6.86~67.7 (23.65)	0.75~16.23 (7.81)	0.69~3.37 (1.77)	3.88~11.93 (8.37)	4.33~8.17 (6.5)
	富有机质纹层状泥质灰岩相	1.98~9.63 (3.26)	6.75~55.5 (19.58)	0.92~17.94 (5.22)	0.38~5.05 (1.39)	2.19~19.47 (6.81)	2.5~11.14 (6.53)
	含有机质纹层状泥质灰岩相	0.16~2 (1.54)	0.24~12.6 (7.44)	0.21~6.04 (2.32)	0.24~1.28 (0.59)	0.75~7.88 (3.71)	0.32~3.14 (2.19)

续表

分类		有机质丰度		含油量			
		TOC /%	(S_1+S_2) /(mg/g)	S_1 /(mg/g)	氯仿沥青 "A" /%	游离油 /(mg/g)	吸附油 /(mg/g)
不同岩相	富有机质层状灰质泥岩相	1.91~12.8 (3.52)	6.04~87.6 (21.13)	0.87~14.17 (5.15)	0.58~3.06 (1.38)	4.74~17.84 (7.84)	2.48~12.23 (6.24)
	富有机质层状泥质灰岩相	1.9~13.6 (3.15)	5.09~74.0 (18.88)	0.83~22.3 (4.09)	0.35~1.95 (0.97)	2.86~9.21 (5.07)	3.44~7.78 (5.28)
	含有机质块状灰质泥岩相	0.15~1.89 (1.09)	0.09~10.3 (4.97)	0.06~3.79 (1.64)	0.14~1.6 (0.59)	0.42~5.36 (2.87)	0.27~9.61 (3.51)

注：$a\sim b(c)$ 代表最小值 a，最大值 b，平均值为 c；—代表无检测数据。

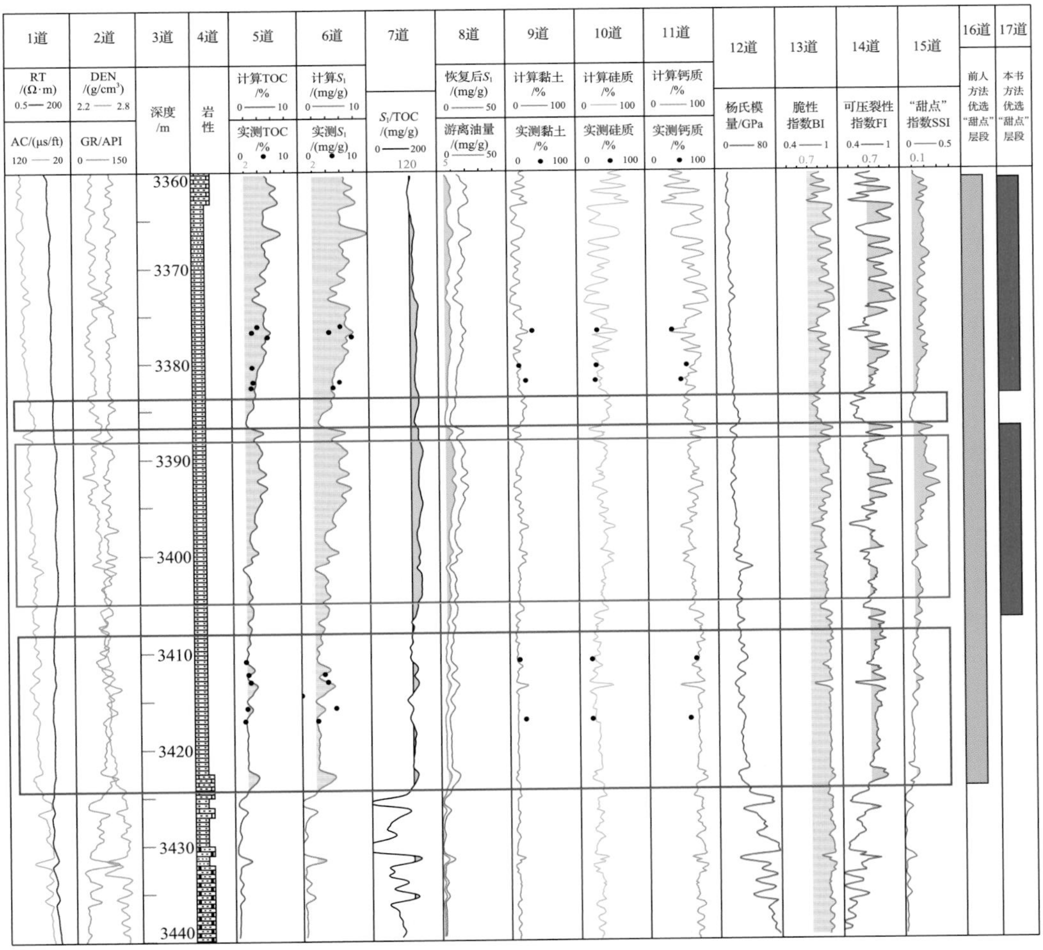

图 5-42　沾化凹陷新义深 9 井沙三下段页岩油 "甜点" 预测综合柱状图

页岩储层可压裂性较高，但游离油量较低，S_1/TOC 大于 120mg/g 的泥页岩厚度较薄。整体来看，新义深 9 井埋藏较深，位于洼陷内部，地层压力为 60.02MPa，流体压力为

22.24MPa，流压较高，产油层厚度大，在生产过程中该井也没有进行压裂，随着时间的推移，产油量逐渐下降(图 5-43)。

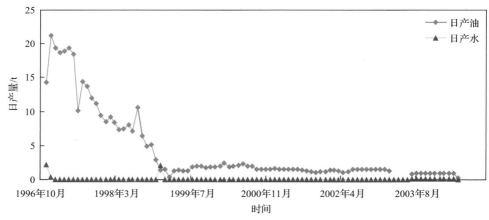

图 5-43　新义深 9 井日产油量、日产水量随时间变化图

二、罗 67 井

罗 67 井位于济阳坳陷沾化凹陷内的四扣洼陷东南斜坡带，为一口预探井。该井在 3287～3310m 层段内进行试油，日产油 2.1t，密度为 0.91g/cm³。笔者对该井沙三下亚段段内进行了少量泥页岩样品的 TOC、热解、矿物组成分析。基于罗 69 井测井-岩心资料建立的有机/无机非均质性测井评价模型，预测该井含油性、矿物组成等垂向分布，并利用实测岩心资料进行验证，如图 5-44 所示。

罗 67 井沙三下亚段泥页岩的含油性和可压裂性随着深度的增加而降低，在 3300～3310m 深度段内之间存在含油性高峰，且深度段位于该井试油段(3287～3310m)内。在试油层段内，其可压裂性指数介于 0.53～0.77，平均值约 0.63，小于前述页岩油"甜点区"所需的可压裂性指数下限 0.7。该试油段内的"甜点"指数大于 0.1 的厚度较薄，不宜为有利区。罗 67 井沙三下亚段泥页岩储层中"甜点"指数大于 0.1 的深度段为 3178～3230m 和 3302～3306m，厚度较薄，不具有压裂和生产效益，因此将 3178～3230m 作为罗 67 井 Es_3^x 页岩油"甜点段"。

从图 5-44 可以看出"甜点"层段主要位于三个层段：第一个层段深度为 3170～3230m，第二和第三层段深度分别为 3264～3277m 和 3299～3312m。尽管后两个层段内泥页岩具有较高的 TOC、S_1 及脆性指数，但页岩油游离油量和可压裂性指数均较低，导致其产量较差。

鉴于资料有限，测试了罗 67 井目的段内两块泥页岩的氯仿抽提物的族组分，数据显示，其饱和烃含量平均值仅为 37.14%，低于前述界定的饱和烃下限 40%(图 5-45)；此外，通过罗 67 井试油段产出油的高密度特征(0.91g/cm³)亦可以说明该井的页岩油组分较重，导致 S_1/TOC 较低。

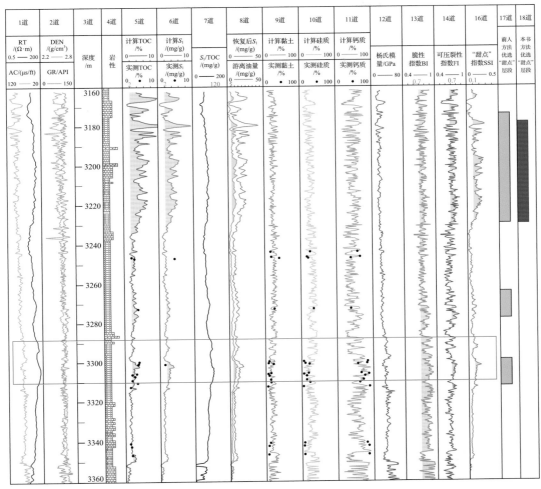

图 5-44　沾化凹陷罗 67 井沙三下段页岩油"甜点"预测综合柱状图

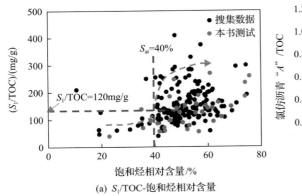

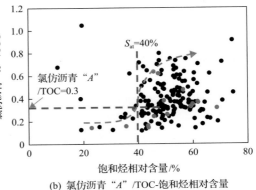

(a) S_1/TOC-饱和烃相对含量　　　　　　　　(b) 氯仿沥青"A"/TOC-饱和烃相对含量

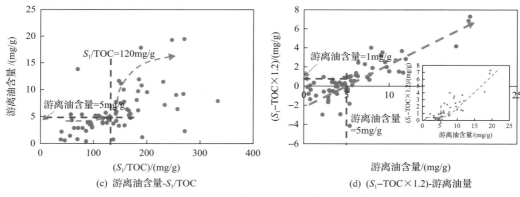

(c) 游离油含量-S_1/TOC

(d) (S_1-TOC×1.2)-游离油量

图 5-45 页岩油可动性与含油性及游离油量的关系

三、罗 69 井

罗 69 井位于济阳坳陷沾化凹陷内的渤南洼陷罗家鼻状构造带，该井为一口预探井，在沙三下亚段系统取心 229.75m（2911.00～3140.75m），为页岩油勘探和开发提供了丰富的岩心资料。曾在该井 3040～3066m 层段内进行试油测试，获得日产 0.85t（6.2bbl）的油，密度为 0.89g/cm³。

从岩心及扫描电镜观察来看（图 5-46、图 5-47），罗 69 井发育大量薄夹层以及溶蚀

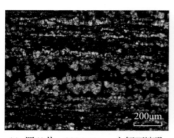

(a) 罗69井，3055.60m，方解石溶孔　　(b) 罗69井，3132.65m，白云石晶　　(c) 济页参1井，3370.80m，碎屑粒
见沥青，单偏光　　　　　　　　　　间孔发育，扫描电镜　　　　　　　间孔，黏土矿物充填，扫描电镜

(d) 济页参1井，3580.40～3581.40m，细砂岩发蓝色荧光，泥质粉砂岩发黄色荧光，页岩荧光显示不明显，白光荧光照射

(e) 济页参1井，3580.40~3581.40m，岩心照片

图 5-46 济阳坳陷沙河街组薄夹层微观特征（据宋明水等，2020）

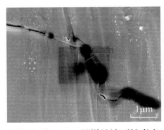
(a) 樊页1井，1469号样品镜下抽真空，原油主要从大于10nm的贴粒缝中渗出，氩离子剖光扫描电镜

(b) 牛页1井，3295.28m，页理缝，油膜，岩心照片

(c) 樊页1井，3177.39m，异常压力缝，沥青充填，单偏光

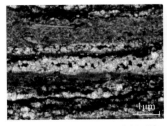
(d) 罗69井，3041.10m，方解石溶蚀缝，沥青充填，单偏光

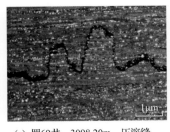
(e) 罗69井，3098.20m，压溶缝，沥青充填，单偏光

(f) 罗69井，3023.50m，构造缝，沥青充填，岩心照片

图 5-47 济阳坳陷沙河街组微裂缝特征及含油性(据宋明水等，2020)

缝、构造缝，罗 69 井沙三下亚段含油性、可压裂性及"甜点"指数的分布如图 5-48 所示，图中红色方形框指示的是 3040～3066m 深度段的试油层段，该层段具有中等成熟度(沙三下亚段 R_o 的范围为 0.7%～0.93%，平均值为 0.8%)，从表 5-3 中可以看出，该层段高有机质含量高、孔隙度大、含油饱和度较大、脆性较强。

根据页岩油的富集空间及油气来源特征，以及上述的单井分析，可以将济阳凹陷页岩油的富集模式分为三类(图 5-49、图 5-50)：原地富集型、侧向调整型以及夹层型。

(1)原地富集型。这类富集模式页岩油几乎没有进行过或只进行了极短距离的运移，一般发育于洼陷中心部位泥页岩层中，裂缝相对不发育，处于成熟有效烃源岩内，流体压力高，压力系数一般高于 1.4，密度、黏度和热成熟度符合正常演化规律，如新义深 9 井。

(2)侧向调整型。侧向调整型一般处于斜坡地带的成熟烃源岩内，纹层或裂缝发育，流体压力较高，压力系数一般高于 1.2，密度、黏度和热成熟度常偏离正常演化规律，反映出深部含烃流体注入特征，这类模式在渤南洼陷和东营凹陷均比较普遍，如罗 67 井、罗 42 井、罗 19 井、梁 758 井等。

(3)夹层型。夹层型页岩油常富集于成熟烃源岩内部或边缘，具有沟通烃源岩内高压含烃流体的通道。夹层型页岩油可以发育于高压烃源岩的内部，由邻近烃源岩生成的油气富集，密度、黏度和热成熟度符合正常演化规律，如渤南洼陷的义 182 井、义 186 井、义 187 等；也可以发育于烃源岩上部或边缘，通过断裂、裂缝经过较长距离运移富集而成，密度、黏度和热成熟度常常偏离正常演化规律，如罗 69 井、义 18 井、义 21 井等。义 187 井沙三下亚段 3440.42～3504.47m 层段 5mm 油嘴放喷日产油 154t、日产水 3.22m³、日产气 13400m³，3 年累计产油 7681t、产水 256m³、产气 18.71 万 m³，展示了良好的勘探前景，是济阳坳陷近期最有利最现实的勘探类型。

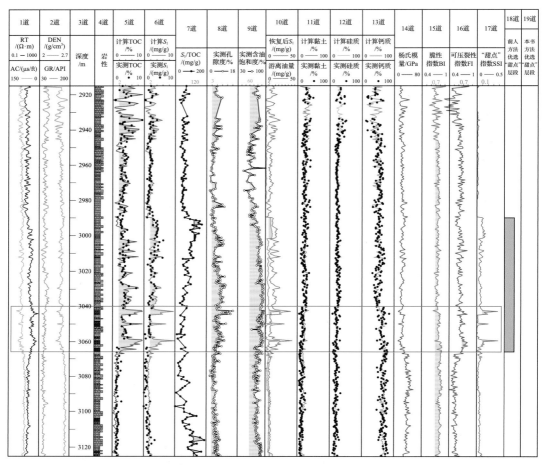

图 5-48　沾化凹陷罗 69 井沙三下段页岩油"甜点"预测综合柱状图

表 5-3　各页岩油探井试油段参数统计特征

井名	试油段/m	TOC/%	S_1/(mg/g)	脆性指数	游离油量/(mg/g)	可压裂指数 FI	"甜点"指数 SSI
罗 69	3040～3066	1.48～7.52 (3.83)	0.40～6.18 (2.61)	0.64～0.94 (0.81)	0.03～23.16 (3.94)	0.56～0.93 (0.68)	0～0.59 (0.07)
罗 67	3287～3310	1.14～4.14 (2.37)	1.01～4.03 (2.29)	0.72～0.92 (0.82)	2.5～10.8 (6.15)	0.53～0.78 (0.67)	0.05～0.2 (0.09)
新义深 9	3388～3405	1.50～5.21 (3.39)	2.70～7.40 (5.00)	0.72～0.92 (0.83)	4.6～12.32 (6.52)	0.49～0.91 (0.72)	0.08～0.31 (0.13)

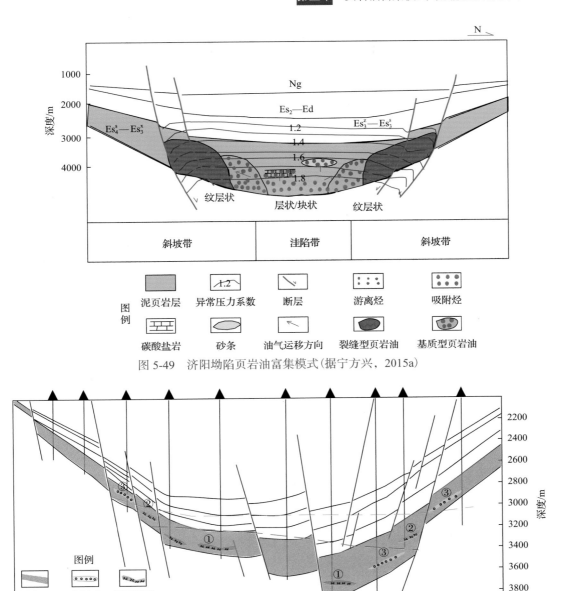

图 5-49　济阳坳陷页岩油富集模式(据宁方兴，2015a)

图 5-50　渤南洼陷页岩油富集模式

①原地富集型；②侧向调整型；③夹层型

第六章　页岩油有利区预测

第一节　页岩油富集区控制因素

影响页岩油富集的主要因素包括有机质丰度、有机质类型、有机质成熟度、页岩的含油性、页岩的渗透率、页岩油性质及地层压力。通过对页岩油气显示分析结果表明，目前已在东营凹陷沙三下亚段的 1 层组、2 层组、3 层组，沙四上亚段 1 层组、2 层组、3 层组和 4 层组均发现了工业性页岩油气，其中沙三下亚段的 2 层组、3 层组和沙四上亚段的 2 层组为主要页岩油气赋存层组，测井曲线上一般表现为高电阻率的特征。以下以沙四上亚段为例，通过对系统取心井纵向对比分析探讨页岩油气的富集条件。

一、有机质含量利于页岩油气富集

有机质是页岩油气生成和富集的物质基础(赵贤正等，2022；付金华等，2022)，有机质的富集程度决定页岩油含油性的能力，总有机碳(TOC)含量是评价烃源岩有机质丰度和生烃潜力的指标，因此准确求取 TOC 对评价油页岩的含油性十分重要(王永诗等，2003；管倩倩，2021)。有机质又可分为可溶有机质和不可溶有机质(干酪根)。在常规分析测试中，有机碳含量表征岩石中的 TOC 含量，而氯仿沥青"A"和热解 S_1 则近似代表岩石中可溶烃的含量。从东营凹陷牛庄洼陷牛 38 井连续取心井段分析可以看出(图 6-1)，在埋深一致的条件下，牛 38 井沙三下亚段 3 层组具有较高的 TOC 含量、S_1 值和氯仿沥青"A"含量，其含量与电阻率呈明显的正相关关系，从牛页 1 井沙三下亚段和沙四上亚段单井地球化学剖面来看(图 6-2)，牛页 1 井有机质丰度高、类型以 I 型为主并已进入成熟阶段，从各层组的分析数据来看，沙四上亚段 2 层组和沙三下亚段 3 层组页岩 TOC 含量较高，且烃指数、氯仿沥青"A"含量较高，这些高有机质含量的页岩也是目前页岩油气所发现的主要层组。

对研究区 832 块沙三下亚段、沙四上亚段不同层组在成熟演化阶段(T_{max} 在 435～450℃)的页岩样品的 TOC 含量与热解 S_1 值和氯仿沥青"A"含量的关系对比分析可以看出(图 6-3、图 6-4)，沙三下亚段 3 层组 TOC 含量和可溶烃含量最高，其次为 2 层组，远高于沙三下亚段 1 层组、4 层组，沙四上亚段 2 层组高于 3 层组、4 层组。

相对而言，沙四上 1 层组虽然有机碳含量具有较高值，但可溶有机质含量较低，对比认为，高有机碳含量和高可溶烃含量的层组页岩与洼陷带内所发现页岩油气组成有较好的一致性，仅有较高有机碳含量的层组页岩油气并不一定富集，如沙四上亚段的 1 层组。而东营凹陷沙四上亚段 4 层组虽有油气发现，但主要发育于利津洼陷深部的利深 101 井、新利深 1 井，岩性组合以泥页岩与砂岩互层为主，砂岩所占比例较高，从牛页 1 井沙四上亚段 4 层组岩性组合来看(图 6-2)，主要为页岩、白云岩、泥质灰岩互层，白云岩所占比例较高，不是真正意义上的页岩油气。

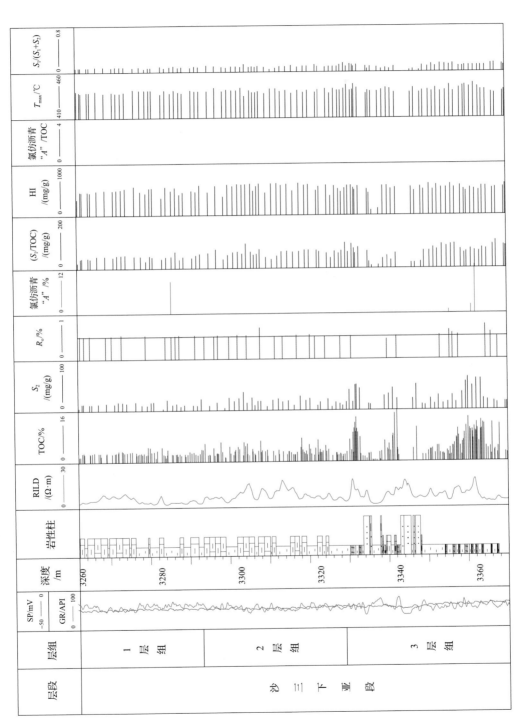

图6-1 东营凹陷牛38井沙三下亚段单井地球化学剖面

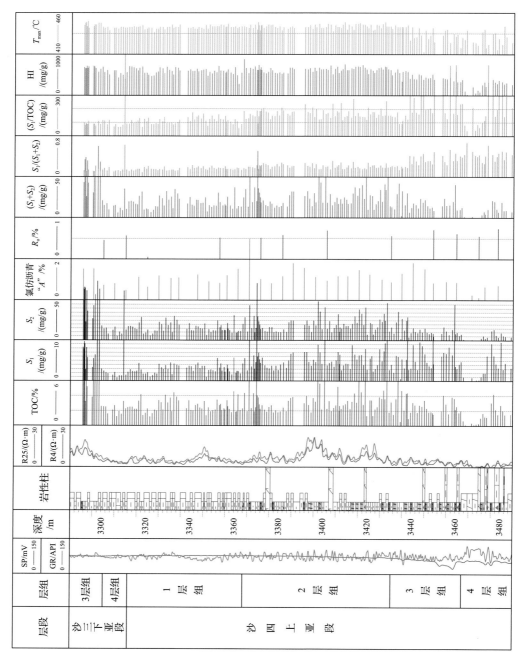

图6-2 东营凹陷牛页1井单井地球化学剖面

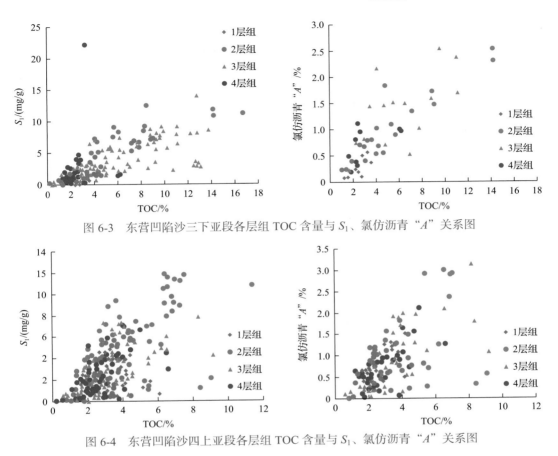

图 6-3　东营凹陷沙三下亚段各层组 TOC 含量与 S_1、氯仿沥青 "A" 关系图

图 6-4　东营凹陷沙四上亚段各层组 TOC 含量与 S_1、氯仿沥青 "A" 关系图

　　以上分析表明，规模性分布的高有机质丰度页岩的存在是页岩油气富集的物质基础，不仅要有较高的 TOC 含量，还需要较高的可溶有机质的含量，利于页岩油气的富集。

二、优势岩相利于页岩油气的富集

　　页岩岩相划分是陆相页岩油"甜点"识别的基础(马永生等，2022)。不同页岩岩相矿物成分不同、孔缝系统差异较大，造成了储集性能不同(刘惠民，2022)，岩相的划分及优势岩相的确定是进行"甜点"层段优选必不可少的环节。目前已有大量研究对济阳坳陷页岩进行了岩相的划分，普遍采用"矿物组成+沉积构造+有机质含量"的划分原则(马永生等，2022)，但对于优势岩相的确定仍存在细微差异，如刘惠民(2022)认为，富含碳酸盐的纹层(层)状岩相是济阳坳陷页岩油有利的储集岩相；赵贤正等(2022)提出，纹层状长英质页岩是湖相页岩型页岩油最优富集层；管倩倩(2021)认为，有利岩相类型为富有机质纹层状泥质灰-灰质泥岩等，可以确定的是，大部分学者普遍认同纹层状页岩利于油气的储集和富集。

　　岩石样品油水饱和度的测定需要新鲜岩心及时密封进行分析测试，从而保证分析结果的可靠性。对研究区新钻牛页 1 井的沙三下亚段和沙四上亚段新鲜页岩样品进行大量含油饱和度、含水饱和度的分析测试工作，从而为不同页岩岩相含油气性的研究工作奠定了基础。由于目前准确确定页岩的含油饱和度存在技术上存在的困难，因此目前采用测定残余水饱和度（S_w），并用 $1-S_w$ 推算页岩含油气饱和度的方法，再与孔隙度的乘积换算出每单位岩石的含油气体积。

通过对牛页 1 井近百块页岩岩石样品分析测试及计算结果可以看出（图 6-5、图 6-6、表 6-1），在埋深相差不大的条件下，不同岩相含烃体积具有较大的差异，纹层状泥质灰岩和灰质泥岩相含烃体积明显高于层状和块状泥质灰岩、灰质泥岩，1m³ 岩石中含烃体积在 0.05m³ 以上，最高可达 0.16m³，这两种岩相 1m³ 岩石中含烃体积均值在 0.08～0.09m³，而块状、层状泥质灰岩和灰质泥岩 1m³ 岩石中含烃体积最高为 0.09m³ 左右，最小一般不到 0.01m³，总体看来，纹层状泥质灰岩和灰质泥岩相更利于页岩油气的富集。从含烃饱和度来看，不同岩相均有较高的含烃饱和度，而含烃体积的差异主要是纹层状泥质灰岩和灰质泥岩相具有更高的孔隙度所致。

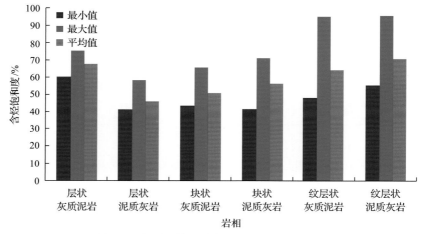

图 6-5　牛页 1 井不同岩相含烃饱和度对比图

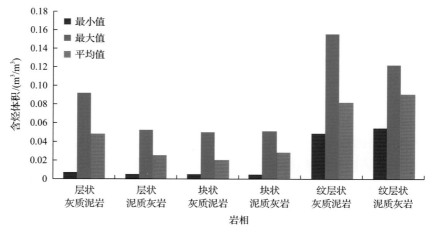

图 6-6　牛页 1 井不同岩相含烃体积对比图

表 6-1　牛页 1 井不同岩相含烃饱和度与含烃体积对比表

岩相	含烃饱和度/%			含烃体积/(m³/m³)		
	最小值	最大值	平均值	最小值	最大值	平均值
块状灰质泥岩	44.2	66.2	51.4	0.00563	0.05191	0.02161
块状泥质灰岩	42.2	71.5	56.8	0.00633	0.0522	0.02966
层状灰质泥岩	60.5	75.7	68.1	0.0085	0.09235	0.05041
层状泥质灰岩	41.8	58.3	46.7	0.00602	0.05303	0.02601
纹层状灰质泥岩	48.5	95.6	64.5	0.05031	0.15678	0.08362
纹层状泥质灰岩	55.9	96.1	71.6	0.05578	0.12388	0.09084

　　根据本书第三章所建立的岩相划分方案对其他井位取心段进行划分，划分结果表明，沙三下亚段 2 层组、3 层组和沙四上亚段 2 层组、3 层组多以纹层状泥质灰岩和灰质泥岩相为主，也是目前东营凹陷发现页岩油气最多的层组。

　　此外，从东营凹陷获页岩油气流页岩发育段的岩相统计可以看出(图 6-7、图 6-8)，

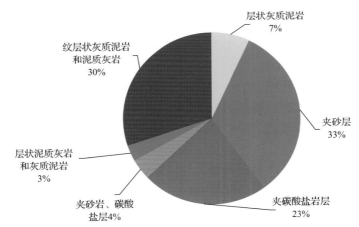

图 6-7　东营凹陷见页岩油气流页岩相分布饼状图

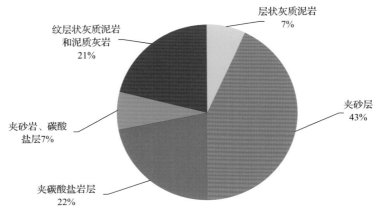

图 6-8　东营凹陷见工业性页岩油气流页岩相分布饼状图

在无夹层的页岩中，纹层状泥质灰岩和灰质泥岩相是主要的页岩油气发现的岩相，占30%；在工业页岩油气流井中，占21%。这两种岩相在页岩油气页岩发育段主要以二者互层方式出现。除了纹层状泥质灰岩和灰质泥岩相之外，夹薄层砂岩和碳酸盐的页岩也为有利的页岩油发育岩相，在东营凹陷页岩发育段夹薄砂岩、碳酸盐岩见页岩油气流的探井占总见页岩油气流探井的60%，见工业页岩油气流的占72%。页岩夹薄层砂岩和碳酸盐岩，不仅增加了油气的储存空间，改善了岩石的渗透性，有利于页岩油气的富集和流动，还增加了岩石的脆性，易发育裂缝，使岩石具有更高的孔隙度和渗透率，更有利于页岩油气的富集和开采。

需要说明的是，对于薄夹层而言，本身缺乏形成烃类的物质，并不具备页岩油气富集的条件，只有当其存在于成熟的富有机质页岩中，方可形成页岩油气富集。因此，综合分析认为纹层状泥质灰岩相、纹层状灰质泥岩及其所夹薄层碳酸盐岩条带岩相和纹层状泥质灰岩夹砂质条带岩相是研究区页岩油气勘探的主要岩相类型，其中纹层状泥质灰岩相、纹层状灰质泥岩相及其所夹薄层砂岩、碳酸盐岩条带发育程度决定了页岩油气区域性的富集程度。

三、适中的有机质成熟度利于页岩油气的富集

烃源岩的热成熟度是进行页岩油综合地质评价的基础，对油页岩成岩、含油性和可压性都有影响（管情情，2021），当 R_o 为0.8%～1.1%时，页岩层系中滞留烃量大。对于中国陆相页岩油而言，咸化湖盆的烃源岩在 R_o 为0.9%时烃指数最大，可达557mg/g，而淡水湖盆在 R_o 为0.8%时，烃指数最大可达201mg/g。研究表明，对于中高成熟度页岩油，烃源岩有机质丰度高、滞留烃量大，有利于发育源内"甜点段"（胡素云等，2022）。

从目前东营凹陷试油日产量随埋深关系可以看出（图6-9），页岩油气流在2800m之下有产出，埋藏深度主要分布在2800～3400m，且随埋藏深度的增加，可见到试油日产量更高的页岩油气流，由济阳坳陷试油日产量随埋深关系同样可以看出，工业性页岩油流一般埋深在2200m以下，主要分布在2800m以下，页岩油气流试油日产量随埋深增加有增大的趋势（图6-10），表明在成熟阶段之后更利于油气的富集，这主要是由于页岩中有机质随成熟度的增加大量生成油气保存在页岩中所导致。在东营凹陷2800多米的河54井和永54井具有较高的产量，主要是由于前者位于中央背斜带，构造导致裂缝发育，且产层岩性为夹薄砂条的页岩，而后者距离断层距离较近，可能与裂缝较发育有关。

东营凹陷沙三下亚段和沙四上亚段页岩主要处于生油阶段，因此，东营凹陷所发现页岩油气主要以油为主，在试油测试过程中，测试气量较少，但从济阳坳陷东营凹陷不同储层气油比与模拟计算气油比的其他地区（沾化凹陷、车镇凹陷）几口既产油又产气的页岩油气的气油比随深度关系可以看出（图6-11），随深度增加其气油比增加，其与页岩镜质组反射率随埋深的增加而增大有较好的一致性，而在东营凹陷埋藏深于4000m，利深101井4395.1～4448m页岩发育段试油过程中，日产油4.29t，日产气

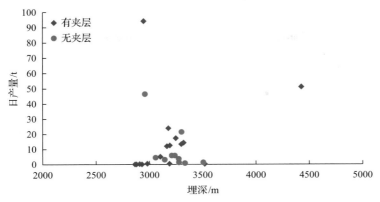

图 6-9　东营凹陷页岩油气试油日产量与埋深关系图

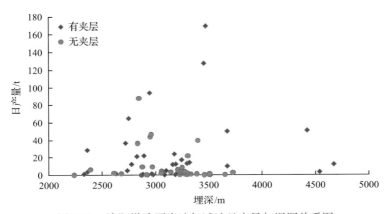

图 6-10　济阳坳陷页岩油气试油日产量与埋深关系图

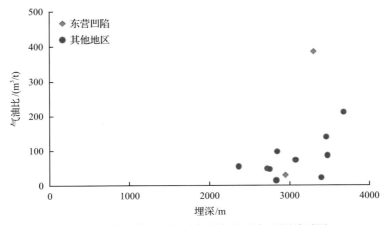

图 6-11　济阳坳陷页岩油气的气油比与埋深关系图

46834m^3，气油比可高达 10917m^3/t。而在沾化凹陷的渤深 5 井 4491.89～4587.33m 页岩发育段试油过程中，只见气，日产气 3530m^3。这种现象表明，由于干酪根的生油过程总体表现为有机大分子不断发生化学键断裂，从而导致分子量不断减小的热裂解过程，故随着热演化程度提高，所形成原油的分子量逐渐减小，对应所产烃类中气油比逐渐增大。总的来说，有机质成熟度影响了页岩油气的量和相态，相对较高的有机质成熟度不仅可生成大量的烃类，利于油气的富集，且使烃类中气的比例增加，增加了流体的流动性(张林晔等，2015；赵贤正等，2022)。

四、异常高压利于页岩油气的富集

异常高压是页岩油运聚的主要动力(Ronald et al.，2007)，是页岩油富集产出的重要条件，其形成过程反映页岩优质储集空间的形成和页岩油的运聚过程(宁方兴，2015b；王勇等，2017)。依据生烃增压原理，在干酪根降解过程中流体体积膨胀，干酪根体积会有所减少，原来由干酪根支撑的部分上覆地层的有效压力就会转移到孔隙流体上，若流体不能及时排出，将导致流体超压。异常高压的形成过程也是干酪根降解、酸性流体以及页岩油聚集过程。异常高压支撑作用不但对早期储集空间起保护作用，而且该阶段形成的乙酸、甲酸等酸性流体溶蚀长石和碳酸盐矿物，形成大量次生孔隙，改善储集层物性。同时，该阶段矿物润湿性发生反转，由水润湿向油润湿转化：一方面促进了分散油气的运聚，另一方面减缓了成岩作用，特别是胶结和交代成岩作用的进行，保护了储集空间(宋明水等，2020)。

从东营凹陷页岩中发现油气流的压力系数与试油日产量关系来看(图 6-12)，页岩油气流压力系数普遍在 1.2 以上，具有高压体系的特征。其中无夹层页岩油气均为高压体系，压力系数大于 1.8，可产工业油流；有夹层页岩油流主要为高压体系，常压体系下也可获工业性页岩油流，其试油日产量随压力增高而增大。在相同压力系数下，有夹层页岩中页岩油气日产油量高于无夹层页岩。而从整个济阳坳陷发现页岩油气流页岩发育段的压力系数与原油日产量关系来看(图 6-13)，与东营凹陷页岩油气规律具有一致性，无夹层页岩油气流页岩段的压力系数均在 1.2 以上，大于 1.2 可见工业性页岩油气流；有夹层页岩油气流页岩发育段在常压下即可见页岩油气流，且随压力系数的增加，可获得更高的页岩油气量，即页岩油气更为富集。

目前，东营凹陷见页岩油气流的页岩发育段主要在 2600m 以下，已进入成熟生烃

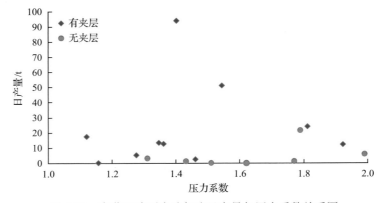

图 6-12　东营凹陷页岩油气流日产量与压力系数关系图

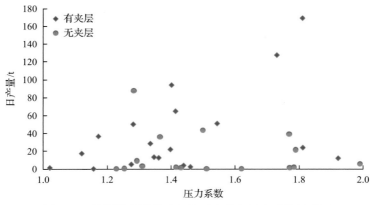

图 6-13 济阳坳陷页岩油气流日产量与压力系数关系图

演化阶段。据张善文等(2009)对济阳坳陷异常高压形成机理的研究，认为生烃增压是异常高压形成的主要因素，油气大量生成使岩石孔隙中的烃饱和度迅速增加，加之可能存在的欠压实等增压机制，使得页岩形成高压异常，并伴随高能量的聚集。张光亚等(1993)利用莫尔圆分析了超压与地应力对泥质岩裂缝形成的贡献，认为异常高的孔隙流体压力会降低岩石的强度，剩余孔隙流体压力达到岩石破裂极限时，最终导致页岩的顺层破裂，提高其渗透性，从而使烃类自页岩内排出至页岩孔隙中，并运至所夹薄砂岩、碳酸盐岩中聚集。

因此，高压异常的存在既是页岩中烃类初次运移的重要动力，同时对页岩内部油气又具有较强的封盖作用，是页岩油气富集可采的重要影响因素。

五、孔-缝发育程度对页岩油气富集的影响

泥页岩储层储集特性直接影响油气赋存方式、富集能力，甚至流动方式，是泥页岩油气勘探开发领域研究的基础问题。储集层微观孔隙结构是指储集岩中孔隙和喉道的几何形状、大小、分布及其相互连通关系(吴胜和和熊琦华，1998)，是影响储集物性的重要因素。泥页岩主要由无机矿物和有机质组成，在沉积和成岩作用过程中形成不同类型、大小及形态的孔裂隙系统(孔-喉-缝)，从而形成复杂且多样性的储集空间。针对我国陆相泥页岩储集空间方面，有学者也开展了一些研究(姜在兴等，2014；杨超等，2013，2014)。沾化凹陷、泌阳凹陷和东营凹陷等地区的泥页岩储集空间被划分为基质孔隙(包括残余原生粒间孔隙、晶间孔隙、溶蚀孔隙和有机孔隙)和微裂缝(构造缝、层间缝、矿物收缩缝及生烃超压缝)(姜在兴等，2014)；鄂尔多斯盆地陆相页岩储集空间划分为无机孔(包括粒间孔、粒内孔、晶间孔和溶蚀孔)、有机孔和微裂缝(杨超等，2013)；辽河坳陷沙河街组泥页岩储集空间被划分为粒间孔、粒内孔、晶间孔、溶蚀孔、有机孔和微裂缝6种孔隙类型(杨超等，2014)。

本次研究使用氩离子抛光-场发射扫描电镜并结合 Loucks 等(2009)对泥页岩的孔隙分类方法，将东营凹陷孔隙划分为 3 大类，共计 14 小类，分别为：①粒内孔，包括黏土颗粒内、石英/长石/碳酸盐岩溶蚀孔、有机质孔、黄铁矿微球团；②粒间孔，包括石英/长石/碳酸盐矿物粒间孔、石英/长石颗粒边缘孔、长石解理孔、有机质/基质间孔；
③裂隙孔，裂隙。

由前述粒内孔、粒间孔和微裂缝构成的微米-纳米级孔喉-缝网耦合系统是东营凹陷页岩油的主要富集单元，控制了页岩油的最终富集。前人研究成果表明（张顺等，2016；刘惠民等，2017；宋明水等，2020），孔径大于 30nm 的储集空间有利于游离油富集，东营凹陷泥页岩生排烃作用强，富有机质层段发育的大量生烃增压缝构成了烃类运移的高速通道。泥页岩中普遍发育的微米-纳米级的黏土矿物晶间孔和刚性矿物支撑的粒间孔，构成了烃类的有效聚集空间。黏土矿物具有较高的比表面积，因此黏土矿物晶间孔是吸附烃的主要赋存空间，刚性矿物粒间孔则是游离烃的主要赋存空间（付金华等，2022）。

岩心观察表明，页岩层间、层面残留沥青质，页理缝内有明显油味，层间有油质充填；薄片观察表明，微裂缝中有油充填，页理缝内普遍发荧光，少量矿物颗粒间见荧光现象，方解石晶体间有油充填；扫描电镜表明，页岩油呈薄膜状、浸染状黏附于矿物颗粒表面，并在裂缝周围富集（刘惠民，2022）。

从东营凹陷页岩油气测试井日产量与断距关系来看（图 6-14），可分为两种情况，一类是具无夹层的页岩中油气随断距的增加，油气产量降低，例如永 54 井位于断裂发育带，页岩油主要发现于无夹层的页岩中，离断裂距离为 120m 左右，其微裂缝发育，未经压裂即获得了较高的产能，日产 46.5t，无夹层页岩中获工业油气流在离断裂距离为 600m 范围内，而在 1500m 以后，页岩油气试油日产量极低。另一类是有夹层的页岩中油气产量随断距的增大先增大后减小，工业油气流主要分布在距断裂距离 2000m 范围内，表明裂缝对页岩油气形成具有双重作用：一方面，裂缝为油气提供了运移通道和聚集空间，有助于页岩总产油气量的增加，页岩具有非常低的原始渗透率，封闭条件好，因此对于无夹层的页岩，距断裂越近其产能较高；另一方面，对于有夹层的页岩，距离裂缝越近，裂缝规模过大，由于页岩与砂岩孔渗条件的差异，油气可能易于散失，距离裂缝一定距离，夹层中页岩油气利于保存。从济阳坳陷页岩油气测试井日产量与断距关系来看（图 6-15），无夹层页岩中页岩油气试油日产量与东营凹陷具有较

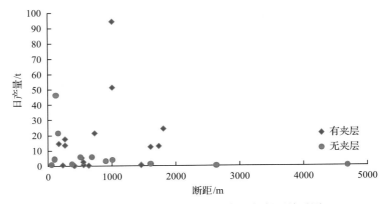

图 6-14 东营凹陷页岩油气日产量与断距关系图

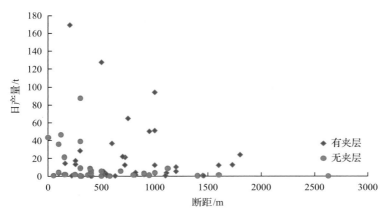

图 6-15 济阳坳陷页岩油气日产量与断距关系图

好的一致性,而在断裂附近的有夹层页岩中页岩油气试油日产量如距断裂较近的义 187 井同样具有较高的产量。但部分井距断裂较近,却未获得较高的产能,可能与页岩中裂缝发育程度或页岩流动性相关,说明断裂裂缝发育可能对局部地区页岩油气富集具有控制作用,也可能还受其他因素影响(张林晔等,2015)。

六、原油可动性对页岩油气富集的影响

可动性是有利于页岩油产出的先决条件(王勇等,2017)。与页岩气不同,由于油的分子大,可流动性差,页岩油可动性越好越易开采,页岩气勘探开发过程中形成的一些理论和经验难以直接应用于页岩油勘探开发过程中(宁方兴,2015b)。页岩油的可动性是当前页岩油研究的一个关键,其影响因素包括总含油量、吸附油量、地层能量、微裂缝、孔喉结构等,由此造成的争议和不确定性很大。从目前已有的方法上看,可大致分为两大类(朱晓萌等,2019),即直接表征法和间接计算法(宋国奇等,2013;郭小波等,2014;张林晔等,2015;蒋启贵等,2016;李志明等,2018)。直接表征法又有热解法和抽提法之分;间接计算法也可分为两种,一种是基于页岩孔隙含油饱和度计算法,另一种是基于页岩总含油量与吸附油量的差减法。

从东营凹陷页岩油气原油黏度与地面试油日产量来看(图 6-16),规律不明显,不同的地面黏度均可见到低产页岩和工业性页岩油气流,东营凹陷页岩油气流原油地面黏度一般随埋深的增加而减小,在不同的构造部位页岩油气富集控制因素可能有所不同。从济阳坳陷页岩油气原油黏度与地面试油日产量来看(图 6-17),发现页岩油气流的试油日产量随原油地面黏度的降低先增加后减小,呈正态分布,其分界大致在原油黏度为 15~20mPa·s,可能表明地面黏度大于 15~20mPa·s,原油流动性差,表现为随地面黏度的增加,页岩油气富集程度减小;当地面黏度小于 15~20mPa·s 时,由于原油黏度较低,原油流动性增加,更利于页岩油在页岩中向优势岩相流动,在裂缝、夹层存在的地区,页岩油重新调整、分配,从而利于局部富集。但是页岩油黏度与地面试油日产量的关系样本点少并且较为分散,两者之间的正相关的影响因素有待进一步开展研究工作。

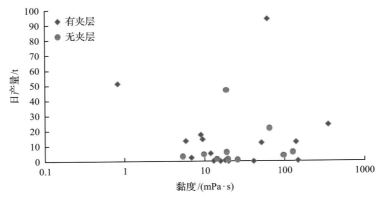

图 6-16　东营凹陷页岩油气流日产量与黏度关系图

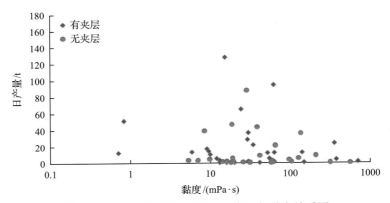

图 6-17　济阳坳陷页岩油气流日产量与黏度关系图

　　总体来看，页岩油气富集控制因素复杂，其中高有机质丰度、纹层状泥质灰岩和灰质泥岩相、异常高压是页岩油气区域性富集的主要控制因素，而裂缝的发育、夹层的分布、页岩油的流动性影响了页岩油气局部性富集高产。

第二节　页岩油有利区优选

　　目前，应用于页岩油甜点预测的方法主要有多参数平面叠合法(杨智等，2015)、模糊优化法以及因子分析法(梁兴等，2016；陈桂华等，2016)等。这些方法主要是分析泥页岩储层的地质背景、地球化学特征、组成及其物性参数等，采用的评价指标较多，包括镜质组反射率(R_o)、总有机碳(TOC)含量、孔隙度(ϕ)、含油饱和度(S_o)、热解烃量(S_1)、泥页岩厚度(H)、含油性指数(S_1/TOC×100)、渗透率(K)、岩石脆性及力学参数等。其中，镜质组反射率是反映成熟度的指标，其决定了特定类型干酪根的转化率及其生成油的组成、密度/黏度等特征；TOC 含量反映了泥页岩/烃源岩的有机质的富集程度，其除了作为生烃潜力的评价指标外，因其较高吸附烃能力亦作为泥页岩吸附/滞留烃评价的重要参数；孔隙度、含油饱和度(S_o)、热解烃量(S_1)一般用于评价泥页岩含油量的高低，并结合泥页岩厚度进行页岩油资源量评估；因泥页岩储层渗透率极低，需对储层进行大规模水力压裂造缝增渗，泥页岩的可压裂性与岩石的脆性矿物含量和断裂韧性(代表裂缝扩展能力)有关(孙建孟等，2015；李进步等，2015)。目前，"甜点"预测方面存在的主要问题有：

(1)上述许多评价指标彼此相关，如含油量、含油饱和度和孔隙度等，使得页岩油"甜点"的主控因素不明，评价参数应该简化，应考虑页岩油可动性(张林晔等，2014a；卢双舫等，2016b)。

(2)由于页岩储集层厚度大，纵向非均质性强，使用每个参数的平面重叠是不合适的。因此，需要通过岩心分析实测数据校准的测井解释模型，实现垂向上"甜点"分布的连续预测(陈桂华等，2016)。

(3)单纯地采用各指标的加权之和来优选有利区，其结果容易出现仅仅是有机"甜点"或者无机"甜点"的情况，使用各参数的乘积可以避免上述情况。

(4)用于优选"甜点区"的参数下限值往往来自其他盆地的经验，如 Jarvie(2012)提出的 $100 \times S_1/\text{TOC}=100\text{mg/g}$ 作为页岩油可动(可开采)下限的含油性标准，它不一定不适用于其他盆地，应根据实际测试数据或产能建立适合于研究区的评价标准。

通过本章第一节分析可知，泥页岩的含油性、有利岩相、压力是页岩油气区域性富集的主要控制因素。因此，本节在参考美国页岩油气评价参数的基础上，根据研究区页岩油气形成条件的特点，利用建立的含油性和储集性分级评价方案，先优选出含油性有利区和储集性有利区，二者叠合预测页岩油气富集区(图 6-18)。表征含油性有利区可由 TOC、热解烃量 S_1 值或氯仿沥青"A"含量叠合获取，储集性有利区可由有利岩相和压力体系叠合获取，二者叠合实现页岩油气富集区预测。

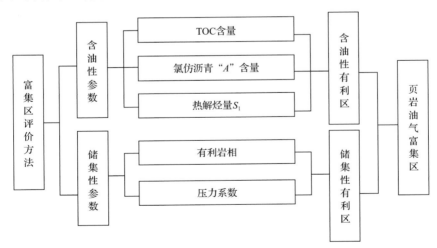

图 6-18　研究区页岩油富集区评价方法

富集区中含油性参数参照含油性分级评价方案中达到Ⅰ级评价标准，储集性参数则根据储集性分级评价标准结合孔隙演化规律和富集模式，将沙三下亚段 3200m、沙四上亚段 3000m 的富有机质纹层状岩相泥页岩和沙三下亚段 3400m、沙四上亚段 3200m 的富有机质层状岩相泥页岩，以及易产生异常高压缝的压力系数为 1.4 作为储集性评价标准(表 6-2)。

表 6-2　济阳坳陷页岩油富集区评价方案

层段	含油性界限			储集性界限		
	TOC/%	S_1/(mg/g)	氯仿沥青"A"/%	岩相	埋深/m	压力系数
沙三下亚段	>2.0	>2.0	>0.5	纹层状泥质灰岩	≥3200	1.4
				层状泥质灰岩	≥3400	
沙四上亚段	>2.0	>2.0	>0.5	纹层状灰质泥岩	≥3000	1.4
				层状灰质泥岩	≥3200	

一、含油气有利区的确定

(一)页岩油气富集区划分原则

在页岩油气的勘探实践中,首先选择分级标准中的氯仿沥青"A"、热解烃量 S_1 和 TOC 含量达到 I 级评价标准的交集区为富集区页岩门限值,取测井解释模型计算的氯仿沥青"A"、热解烃量 S_1 和 TOC 含量数据的平均值为地球化学参数平面分布值,页岩油气富集区页岩厚度是在页岩厚度占总厚度 60% 以上、连续厚度 30m 以上的连续页岩段的厚度。在研究中发现,富集区 I 级页岩油气资源不只赋存于一个层组内,而是主要赋存于相邻的几个层组,因此,为了防止漏掉有利的页岩段,按层段统计有利页岩段厚度。

(二)页岩油气富集区的分布

以沙四上亚段为例探究页岩油气富集区的分布情况,其他层段采用相同方法。利用岩心分析测试与测井资料相结合建立的测井响应模型,求取页岩的 TOC 含量、热解烃量 S_1 和氯仿沥青"A"含量,在此基础上,统计了三个参数达到富集区标准的页岩厚度,根据不同埋深确定页岩的演化程度,计算出沙四上亚段氯仿沥青"A"恢复系数,进而利用氯仿沥青"A"法计算出有利页岩段中的含油强度,编制出含油强度等值线图。

由东营凹陷沙四上亚段含油性有利区分布图来看(图 6-19),东营凹陷沙四上亚段含油有利区分布范围较大,几乎包括了整个洼陷区,有利面积达 1957km²,埋藏深度较大,油气演化程度较高、相对较高的气油比使流体黏度较小,同时还普遍发育有异常高压,具备有利的油气赋存条件,具有较大的资源潜力。

二、储集性有利区的确定

(一)有利岩相的确定

由上述页岩油气富集区控制因素研究表明,富含有机质纹层状泥质灰岩和灰质泥岩为有利的页岩岩相。

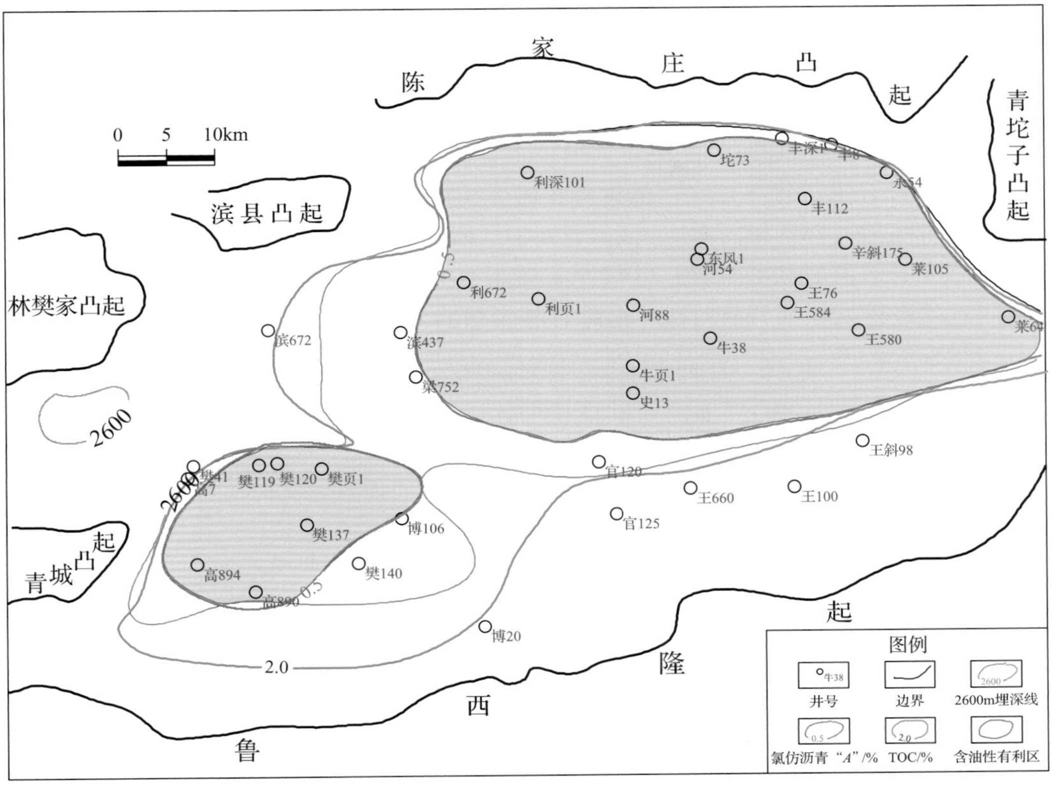

图 6-19 东营凹陷沙四上亚段泥页岩含油性有利区分布图

1. 研究思路

根据前述的页岩岩相划分方案，以牛页 1 井系统页岩发育段取心资料的镜下观察和分析测试数据为基础，将研究区页岩划分为六个岩相，其中纹层状泥质灰岩相和灰质泥岩相是研究区页岩油气勘探的主要岩相类型。但这只是根据单井实际资料所建立的类型划分，而实际上，整个东营凹陷页岩的主要成分为黏土、碳酸盐和碎屑。其中黏土是页岩建造岩石最基本的物质组分，且对沉积环境的化学性质来说是至关重要的；碳酸盐是岩石形成过程中最为活跃的因素；碎屑是页岩中普遍存在且十分重要的成分；此外，还有其他一些岩石类型，如盐膏、火成岩、沥青层和煤层等，随着沉积环境与成岩作用的差异，各种不同岩石类型呈有序、过渡分布。因此，为了明确研究区页岩有利岩相分布，必须结合沉积环境，建立页岩岩相分布模式，明确不同岩相的过渡关系，在此基础上，预测页岩有利岩相的分布。

在精细划分地层的基础上，利用"岩心观察+薄片鉴定+X 射线衍射分析"手段对研究区 6 口系统页岩段取心探井(牛页 1 井、牛 38 井、樊 120 井、利 673 井、牛 872 井、丰 112 井)的岩心资料进行分析，结合测井资料，进行有利岩相全区标定、追踪，明确有利岩相时空展布规律。考虑到测井的可识别性，将岩石类型划分方案中的"含 X X"岩相和过渡岩相就近归类，如含灰质泥岩归为泥岩，层状构造是介于纹层状与块状构造之间的一种构造结构，不易区分，因此将层状构造与块状构造合并。将纹层状泥质灰岩和灰质泥岩相详细统计，而将其他四类岩相去掉构造特征，统一归为泥质灰岩和灰质泥岩相。

具体研究思路（以牛页 1 井为例）：①以系统分析化验数据和岩心为依据，确定岩相类型；②结合常规测井（自然电位、电阻率、中子、密度、声波等），对牛页 1 井附近井进行页岩岩相划分与对比，按优势相的原则划分单井层组岩相类型，并建立常规录井图中岩性与页岩岩相的对应关系（表 6-3），如纹层状泥质灰岩对应的录井图中的岩性有灰质泥岩、页岩和油页岩；③按照上述岩石类型划分与对比方法，利用系统取心井与附近井进行岩相划分与对比，追踪有利岩相的分布范围。

表 6-3　东营凹陷页岩岩相划分与常规录井图岩性对比表

序号	岩相类型	录井图岩石类型
1	泥岩相	泥岩、软泥岩、油泥岩、沥青质泥岩
2	灰质泥岩相	云质泥岩、钙质泥岩、灰(钙)质泥岩、灰质泥岩、灰质泥岩、碳质泥岩
3	纹层状灰质泥岩相	灰质油泥岩
4	泥质灰岩相	泥灰岩、泥质灰岩、泥质白云岩
5	纹层状泥质灰岩相	灰质泥岩、页岩、油页岩
6	砂质泥岩相	粉砂质泥岩、砂质泥岩、含砾泥岩、硅化泥岩
7	灰(云)岩相	白云岩、鲕状白云岩、针孔状白云岩、鲕状灰岩、假鲕状灰岩、颗粒石灰岩、生物灰岩、石灰岩、针孔状灰岩、灰质白云岩、云质石灰岩、碎屑白云岩、硅质白云岩、燧石条带白云岩、石膏质灰岩、藻灰岩、碎屑灰岩、角砾状灰岩、页状灰岩
8	盐膏相	泥膏岩、石膏岩、含膏泥岩、石膏质泥岩、盐岩
9	砂质灰岩相	砂质白云岩、砂质灰岩
10	砂岩相	砾岩、砂岩、细砂岩、粉砂岩、云质粉砂岩、云质砂岩、含砾砂岩、灰质粉砂岩、灰质砂岩、灰质细砂岩、泥质粉砂岩、泥质砂岩
11	其他岩相	灰绿岩、喷发岩、石英正长岩、玄武岩、沥青层、煤层及煤夹层

2. 页岩岩相分布模式

依据页岩岩相综合划分方案，将研究区岩相划分为泥岩相、灰质泥岩相、纹层状灰质泥岩相、泥质灰岩相、纹层状泥质灰岩相、砂质泥岩相、灰(云)岩相、膏岩相、砂质灰岩相、砂岩相及其他岩相。

各岩相在研究区沙四上亚段和沙三下亚段均有分布。重点岩相纹层状灰质泥岩在沙四上亚段 2 层组，沙三下亚段 3 层组和 2 层组较为发育；纹层状泥质灰岩在沙四上亚段 2 层组、1 层组，以及沙三下亚段 4 层组和沙三下亚段 3 层组较为发育。从洼陷边缘到洼陷中心岩相分布为砂岩相—砂质泥岩相—泥岩相—灰质泥岩相—纹层状灰质泥岩相(纹层状泥质灰岩相)—泥岩相或砂岩相—砂质泥岩相—泥岩相—灰(云)岩相—灰质泥岩相—纹层状灰质泥岩相(纹层状泥质灰岩相)—泥岩相(图 6-20)。砂岩相位于盆地边缘，沙四上亚段和沙三下亚段陡坡带发育水下扇砂体，缓坡带发育扇三角洲和滩坝砂体。从盆地边缘到洼陷还发育浊积砂体。灰(云)岩相发育于濒临深水的平缓的水

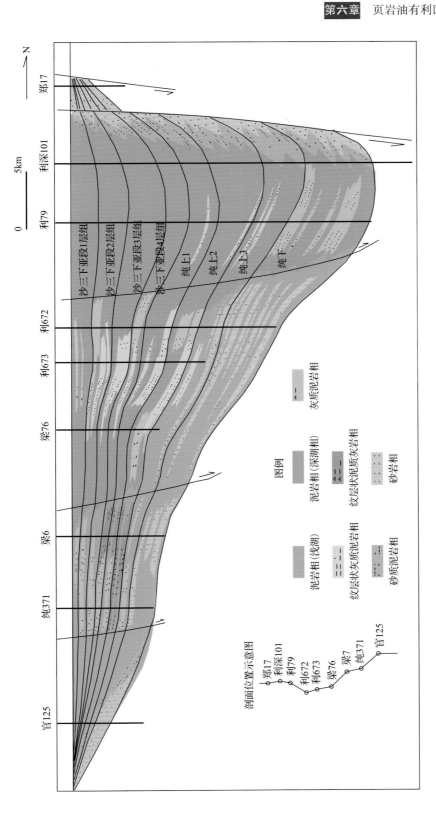

图6-20　东营凹陷官125井—郑17井南北向岩相剖面图

下高地或水下隆起的顶部,如平方王地区。陡坡带和缓坡带也发育灰(云)岩相。相对来说,缓坡带较陡坡带发育灰(云)岩相。纹层状灰质泥岩相、纹层状泥质灰岩相发育于接近于洼陷的斜坡台地上,周围发育灰质泥岩相或泥岩相。

(二)有利岩相分布

1. 纹层状灰质泥岩相

研究区纹层状灰质泥岩相分布局限,范围小,平面上不能连片,厚度一般小于60m,主要分布于各洼陷附近。东营凹陷沙四上亚段3层组、2层组、沙三下亚段3层组、沙三下亚段2层组纹层状灰质泥岩相对发育,从下到上具有一定的继承性。

2. 纹层状泥质灰岩相

研究区纹层状泥质灰岩相相对发育,平面上基本可以连片,纹层状泥质灰岩沉积中心与洼陷中心基本一致。总体上,沙四上亚段纹层状泥质灰岩相比沙三下亚段发育,其中沙四上亚段3层组、2层组和沙三下亚段3层组、2层组相比其他层组发育。

将沙四上亚段、沙三下亚段各层组页岩有利岩相叠置,可编制研究区沙四上亚段、沙三下亚段页岩有利岩相分布图(图6-21、图6-22)。

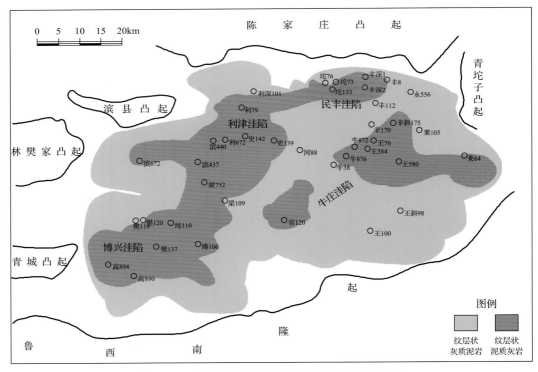

图6-21 东营凹陷沙四上亚段页岩有利岩相等厚图

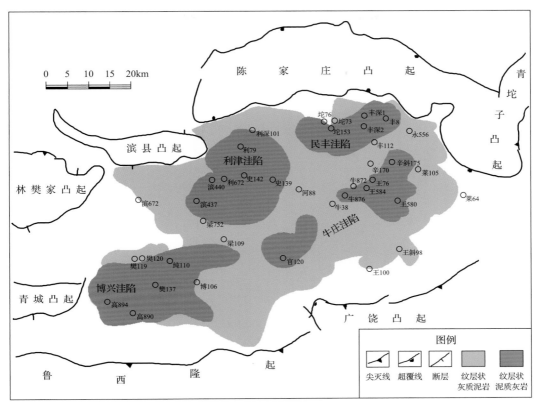

图 6-22　东营凹陷沙三下亚段页岩有利岩相等厚图

三、压力体系的确定

研究表明，异常高压利于页岩油气的富集，从研究区沙三下亚段和沙四上亚段地层压力体系来看，两套地层主要为常压-高压体系，不同地区其分布有一定差异性。

以利津洼陷和民丰洼陷沙四上亚段为例确定压力体系，绘制实测地层压力、压力系数与深度的关系（图 6-23），由图可看出，在利津洼陷和民丰洼陷，沙四上亚段超压发育的深度段从约 2650m 到 4382m，压力系数为 1.2~1.92。

由东营凹陷沙四上亚段压力系数等值线图可知（图 6-24），平面上，利津洼陷超压最发育，其次是牛庄洼陷，强超压主要发育在利津洼陷和牛庄洼陷，沙四上亚段最高压力系数均发育在利津洼陷，博兴洼陷发育中等程度的超压。在利津和牛庄洼陷钻井揭示的沙四上亚段超压带深度在 2100~4400m。

按压力系数大于 1.4，沙四上亚段纹层状岩相泥页岩埋深在 3000m 以下、层状岩相泥页岩埋深在 3200m 以下叠合圈定东营凹陷沙四上亚段泥页岩储集性有利区（图 6-25）。

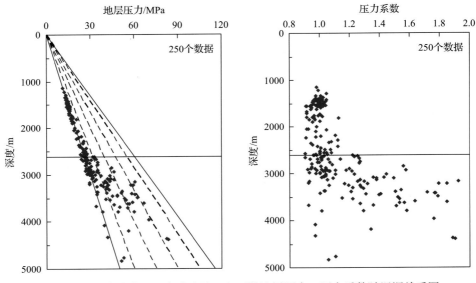

图 6-23 利津洼陷、民丰洼陷沙四上亚段地层压力、压力系数随埋深关系图

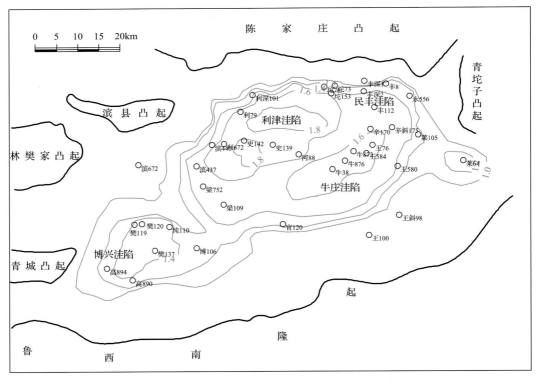

图 6-24 东营凹陷沙四上亚段压力系数等值线分布图

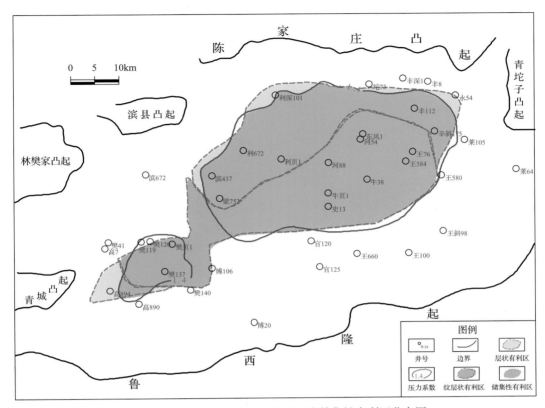

图 6-25 东营凹陷沙四上亚段泥页岩储集性有利区分布图

四、页岩油有利区优选

将含油性有利区分布与储集性有利区分布叠合,可预测不同页岩油气富集区(图 6-26、图 6-27),由图 6-26 和图 6-27 可见,东营凹陷沙四上亚段页岩油气有利区可分为两个区,其中牛庄洼陷、民丰洼陷、利津洼陷连片,分布面积大,达到了 1183km² 以上,博兴洼陷主要分布在北部,面积约 128km²;沙三下亚段页岩油气有利区主要分为三个区,民丰洼陷、利津洼陷连片分布,牛庄洼陷和博兴洼陷单独成区,面积分别为 575km²、234km² 和 27km²。东营凹陷沙四上亚段页岩油气有利富集区面积为 1312km²,沙三下亚段页岩油气区有利富集区面积为 837km²。通过页岩油气资源量计算,东营凹陷沙三下亚段富集区内页岩油资源量为 4.87 亿 t,沙四上亚段富集区内页岩油资源量为 7.16 亿 t,沙三下亚段和沙四上亚段平均资源丰度分别为 58 万 t/km² 和 55 万 t/km²。

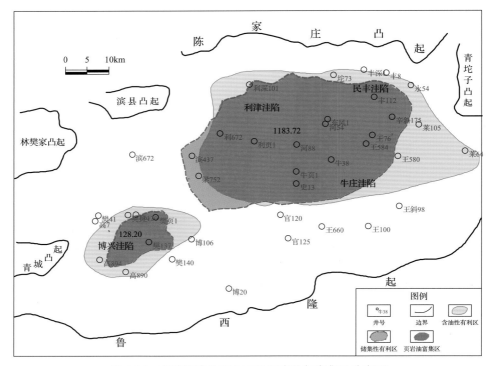

图 6-26　东营凹陷沙四上亚段页岩油气富集区分布图

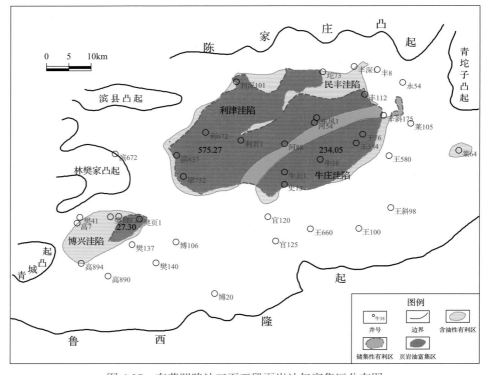

图 6-27　东营凹陷沙三下亚段页岩油气富集区分布图

第三节 页岩油采收率探讨

页岩储层是一种超致密的油气储层，与传统的砂岩和碳酸盐岩储层相比，页岩储层的孔隙度非常小，孔径大小达到纳米级。页岩储层的孔隙度与渗透率都很小，其孔隙结构的特殊性决定了其在油气储集特性以及开发方面的复杂性，页岩油的可动性成为制约油气开采及采收率的重要因素。因此，探究页岩油可动性及不同驱动能下采收率的影响因素以及机理对页岩油藏的开发具有重要意义。

近年来已有较多学者对页岩油可动性开展相关研究，例如，通过核磁共振技术分析泥页岩样品中页岩油可动性，量化松辽盆地北部地区页岩油可动量下限，确定页岩油可动量很低且主要分布在微米级孔隙中；通过驱替实验评价泥页岩中的可动油量；定性评价页岩油可动性主要取决于泥页岩孔喉结构、裂缝特征和地层压力；从地层能量和模拟实验分别评价页岩油储层可动油率，进而寻找页岩油勘探开发有利区；利用原地页岩油资源量与饱和吸附油量的差异评价页岩油可动资源量(张林晔等，2014a；王文广等，2015；李进步等，2016；卢双舫等，2016b；薛海涛等，2016；李骥元等，2017；桑茜等，2017；Li et al.，2018；Zhang et al.，2018；陈方文等，2019)。尽管上述研究极大地促进了对页岩油可动性的认识，但仍存在对页岩油驱动机理认识不够深入的问题。

页岩油产出的驱动能主要有两种：

一种为弹性驱动能。由于泥页岩储层渗透率通常较低，在随埋深增加的压实过程中，在厚层泥页岩储层中，由于黏土矿物脱水和有机质生烃等作用形成孔隙流体未能充分排出，泥页岩储层一般保持较高的流体压力，特别在3000m以深，富含有机质的泥页岩储层内经常存在超压流体，即孔隙流体承载了一部分上覆岩石压力。在超过静水压力的超压作用下烃类等流体被压缩，储存有一定的弹性能量。在页岩油开采过程中，部分流体流入井筒，孔隙流体压力降低，泥页岩储层岩石骨架所承受上覆岩石压力增加，储层孔隙体积减小；另外，孔隙水和原油等流体由于孔隙流体压力降低而膨胀，泥页岩储层流体弹性能部分释放。在泥页岩储层孔隙体积减小和孔隙流体膨胀的双重作用下，孔隙水和原油等被弹性驱动并进入井筒(陈方文等，2019)。

另一种为溶解气驱动能。如果泥页岩储层中有机质生油的同时生成了一定量天然气，那么泥页岩储层原油中通常溶解了天然气。当页岩油储层压力下降并低于天然气饱和压力时，溶解在泥页岩储层原油中的天然气会逐渐转变为游离态，并呈气态赋存于孔隙空间。天然气由溶解态变成游离态会出现较大的体积增加，另外游离态天然气体积膨胀系数较大(一般比液体高出6~10倍)。因此溶解气转化为游离气过程中将出现较大的体积增加，并释放出溶解气膨胀能量，该能量驱动页岩油流向井筒，从而使页岩油储层进入溶解气驱阶段(陈方文等，2019)。

东营凹陷页岩油大多为未饱和原油，降压开采过程中，驱动能量分为明显两段：

当地层压力大于饱和压力时，为弹性能量驱动阶段；当地层压力等于饱和压力时，开始溶解气驱动(张林晔等，2014)。根据上述驱动原理，结合页岩岩石弹性力学性质和页岩内流体性质等，可以分别计算弹性驱动页岩油采收率和溶解气驱动页岩油采收率。该方法得到的采收率为由原始状态到最终状态的能量驱动下的理论采收率，未考虑中间变化过程。当然，在自然条件下，短时间内不一定能达到最终状态，从原始状态达到最终状态也可能需要压裂等措施，但压裂措施仅为加速采出过程，一般不会影响始末状态。东营凹陷缺少页岩油开采经验，且开采措施或技术手段不同，实际可采出的页岩油量也不同。本节计算的页岩油采收率实际上为最大天然能量采收率，对资源量的深入评价具有一定意义。

一、弹性能量驱动采收率计算

在弹性能量驱动流体流出过程中，在地层压力由初始状态下 P_i 降到某一状态 P 时，排出流体的量等于地下岩石孔隙体积减小量(ΔV_p)和烃类流体及水因压力降低而产生弹性膨胀体积增加量(ΔV_o 和 ΔV_w)之和。压力由 P_i 降低至 P 过程中岩石孔隙体积减小量以及烃类流体和水膨胀体积增加量分别表述如下：

岩石孔隙体积的减少量为

$$\begin{aligned}
\Delta V_p &= V_{pi}C_f(\sigma_{eff} - \sigma_{effi}) \\
&= Ah\phi C_f\left[(P_r - P) - (P_r - P_i)\right] \\
&= Ah\phi C_f(P_i - P)
\end{aligned} \tag{6-1}$$

烃类流体膨胀体积增加量：

$$\begin{aligned}
\Delta V_o &= V_{oi}C_o(P_i - P) \\
&= Ah\phi S_{oi}C_o(P_i - P)
\end{aligned} \tag{6-2}$$

水体积增加量：

$$\begin{aligned}
\Delta V_w &= V_{wi}C_w(P_i - P) \\
&= Ah\phi S_{wi}C_w(P_i - P)
\end{aligned} \tag{6-3}$$

式(6-1)~式(6-3)中，V_{pi}、V_{oi} 和 V_{wi} 分别为原始状态岩石孔隙体积、岩石内油的体积和岩石内水的体积，m^3；C_f、C_o 和 C_w 分别为岩石的孔隙体积压缩系数、油的压缩系数和水的压缩系数，MPa^{-1}；σ_{effi}、σ_{eff} 分别为前后岩石有效应力，MPa；P_r 为上覆地层压力，MPa；P_i、P 分别为前后流体压力，MPa；A 为初始状态岩体的面积，m^2；h 为初始状态岩体厚度，m；ϕ 为初始状态岩石孔隙度，%；S_{oi} 为初始状态岩石含油饱和度，%；S_{wi} 为初始状态岩石含水饱和度，%。

所以总流出流体体积量为

$$
\begin{aligned}
\Delta V &= \Delta V_{\mathrm{o}} + \Delta V_{\mathrm{w}} + \Delta V_{\mathrm{p}} \\
&= Ah\phi S_{\mathrm{oi}}C_{\mathrm{o}}(P_{\mathrm{i}}-P) + Ah\phi S_{\mathrm{wi}}C_{\mathrm{w}}(P_{\mathrm{i}}-P) + Ah\phi C_{\mathrm{f}}(P_{\mathrm{i}}-P)
\end{aligned}
\tag{6-4}
$$

如果以油层为一个单位体积，即 $Ah\phi S_{\mathrm{oi}}=1$，则可采出的油量为

$$
V_{\mathrm{o}} = \left(C_{\mathrm{o}} + \frac{S_{\mathrm{wi}}}{S_{\mathrm{oi}}}C_{\mathrm{w}} + \frac{C_{\mathrm{f}}}{S_{\mathrm{oi}}} \right)\Delta P
\tag{6-5}
$$

将原始地层油的体积(压力为 P_{i} 时)换算为末态(压力为 P 时)时体积，则采出率为

$$
E_{\mathrm{R}} = \frac{\left(C_{\mathrm{o}} + \dfrac{S_{\mathrm{wi}}}{S_{\mathrm{oi}}}C_{\mathrm{w}} + \dfrac{C_{\mathrm{f}}}{S_{\mathrm{oi}}} \right)\Delta P}{1 + C_{\mathrm{o}}\Delta P}
\tag{6-6}
$$

从式(6-6)中可以看出，弹性驱动采出率受岩石压缩系数、烃类压缩系数、地层水压缩系数、压力降低程度等因素共同影响。在其他条件相同的情况下具有以下特点：①压力降低越大，其油气采出量越大；②岩石的弹性压缩系数越大，驱油量越高。

二、弹性驱动采收率计算

由于地层压力降低至油气的饱和压力时，开始进入溶解气驱动阶段，因此，本节首先计算纯弹性能量驱动采收率，即只计算由原始地层压力降低至油气的饱和压力时，压力降低过程导致原油流出量。

1. 页岩内地层原油饱和压力变化趋势

济阳坳陷古近系沙河街组沙三下亚段和沙四上亚段页岩有机质来源多以藻类等水生低等植物和细菌为主。有机类型多为 Ⅰ-Ⅱ₁ 型，并以 Ⅰ 型为主，腐泥组含量多在 80% 以上，甚至可高达 99% 以上。济阳坳陷页岩大多处于生油阶段，在较大的深度范围内，生成的天然气都不会在生成的原油内达到饱和状态。

页岩内油的饱和压力变化趋势可以大致利用油藏统计资料确定，尤其是源内自生自储油层，其组成和物理性质与围岩页岩内的流体性质更为接近。对于源外未饱和油藏，如果能确定其自页岩中排出至聚集过程中，未发生明显油气分异，其气油比应该与其供油的页岩接近，饱和压力随温度变化略有变化(但变化较小)。大部分油气自页岩排出后，会逐步向浅处运移，因此可以某种气油比及饱和压力的油藏出现的最大深度，确定页岩排出烃类气油比及饱和压力(图 6-28)，页岩排出流体饱和压力应该与页岩内残留烃的饱和压力一致。

2. 孔隙体积压缩系数

可以认为压缩过程中岩石的骨架体积不变，岩石的体积变化量即为孔隙体积变化量。因此，岩石的体积压缩系数除以岩石孔隙度，即为岩石孔隙体积的压缩系数。

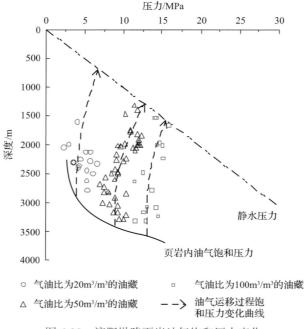

图 6-28　济阳坳陷页岩油气饱和压力变化

　　由于岩石在地下一般表现为弹性体，故可根据弹性波在介质中传播的规律来研究岩石弹性力学特征。弹性波在介质中的传播实质上是质点震动的依次传递。当波的传播方向与质点的振动方向一致时叫纵波，纵波传播过程中，介质发生压缩和扩张的体积形变，因而纵波也叫压缩波。当波的传播方向和质点振动方向垂直时，叫横波，横波传播过程中，介质产生剪切形变，所以横波也叫切变波。

　　声波在介质中的传播速度主要取决于介质的弹性模量和密度，在均匀介质中，纵波速度、横波速度与杨氏模量、泊松比、密度之间的关系为

$$v_{\mathrm{p}} = \sqrt{\frac{E}{\rho_{\mathrm{b}}} \frac{1-\nu}{(1+\nu)(1-2\nu)}} = \frac{1}{\Delta t_{\mathrm{p}}} \tag{6-7}$$

$$v_{\mathrm{s}} = \sqrt{\frac{E}{\rho_{\mathrm{b}}} \frac{1}{2(1+\nu)}} = \frac{1}{\Delta t_{\mathrm{s}}} \tag{6-8}$$

式(6-7)和式(6-8)中，v_{p}、v_{s} 分别为地层中纵波和横波的传播速度，km/s；Δt_{s}、Δt_{p} 分别为地层横波时差和纵波时差曲线值，μs/m；E 为杨氏模量，N/m²；ρ_{b} 为地层岩石体积密度，g/cm³；ν 为泊松比。

　　因此，岩石的弹性模量和泊松比可以利用弹性波的传播关系，由测量的弹性波速度和体积密度计算得到，由此得到的岩石弹性模量和泊松比称为动态弹性模量和动态泊松比。

　　通过声波纵波和横波测井资料，连同体积密度测井可求得层各动态弹性模量：

泊松比 ν：

$$\nu = \frac{\Delta t_s^2 - 2\Delta t_p^2}{2(\Delta t_s^2 - 2\Delta t_p^2)} \tag{6-9}$$

杨氏模量 E：

$$E = \frac{\rho_b}{\Delta t_s^2} \frac{3\Delta t_s^2 - 4\Delta t_p^2}{\Delta t_s^2 - \Delta t_p^2} \tag{6-10}$$

剪切模量 G：

$$G = \frac{\rho_b}{\Delta t_s^2} \tag{6-11}$$

体积模量 K：

$$K = \rho_b \frac{3\Delta t_s^2 - 4\Delta t_p^2}{3\Delta t_s^2 \Delta t_p^2} \tag{6-12}$$

体积模量的倒数即为体积压缩系数，根据部分井的岩石力学性质测井解释成果，绘制出东营凹陷页岩体积压缩系数变化剖面（图 6-29）。

由体积压缩系数计算孔隙压缩系数所需的页岩孔隙度数据采用东营凹陷页岩压实曲线中孔隙度数据，这些孔隙度数据均为实测数据（图 6-30）。

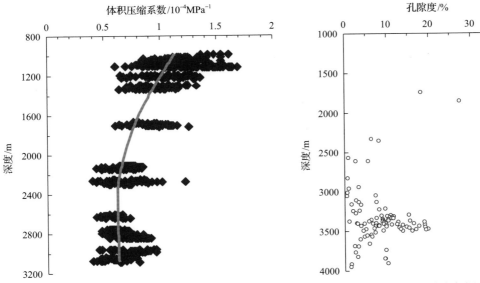

图 6-29 济阳坳陷页岩体积压缩系数变化剖面   图 6-30 济阳坳陷页岩孔隙度与深度关系图

3. 原油压缩系数 (C_o) 变化

原油压缩系数根据源内油藏高压物性分析数据确定。

4. 地层水压缩系数(C_w)

一般地层水压缩系随深度变化较小，本次根据杨通佑等(1998)经验公式计算。

5. 含油饱和度和含水饱和度(S_{oi}、S_{wi})

张林晔等(2005)曾经根据页岩内氯仿沥青"A"测定数据及页岩孔隙度分析数据，计算出页岩含油饱和度纵向演化剖面，本次对其氯仿沥青"A"分析数据进行了轻烃部分的恢复校正，并扣除了吸附部分的烃类，重新计算页岩含油饱和度的纵向演化剖面(图 6-31)。由于在地下条件下，天然气主要溶解于油中，地下条件下页岩内主要为油水两相，$1-S_{oi}=S_{wi}$。

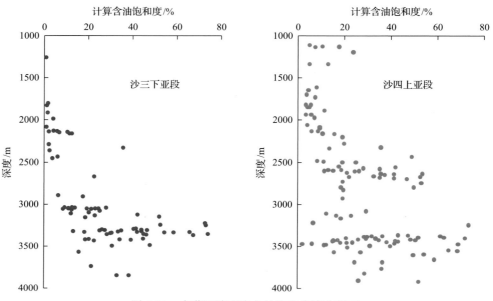

图 6-31　东营凹陷页岩含油饱和度演化剖面

6. 弹性驱动采率计算结果

由于实测的地层压力变化较大，实测地层压力系数可高达 2.0，低值接近静水压力，因此，本次计算选用平均压力系数，选取 1.4，分别计算出沙四上亚段和沙三下亚段页岩在原始地层压力下降压至压力等于内部油气饱和压力时，所得到的弹性驱动采收率，其计算结果如图 6-32 所示。弹性驱动采收率在 4%～10%，总体上，随深度增加，弹性可动油率增大。沙四上亚段页岩比沙三下亚段页岩的弹性驱动采收率更高。

三、溶解气驱动采收率计算

当油层的地层压力降低至饱和压力时，溶解气出溶，开始驱动流体流出。假设油层面积为 A，油层厚度为 h，孔隙度为 ϕ，束缚水饱和度为 S_{cw}，地层油的原始体积系数为 B_{oi}，则该油层的地质储量为

$$N = Ah\phi(1-S_{cw})/B_{oi} \qquad (6\text{-}13)$$

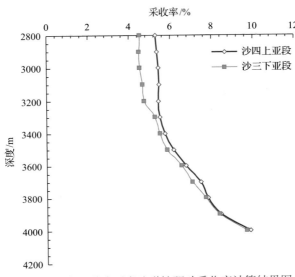

图 6-32 济阳坳陷页岩油弹性驱动采收率计算结果图

设枯竭压力下的地层油体积系数为 B_o，含气饱和度为 S_g，则枯竭压力下的剩余储量为

$$N_1 = Ah\phi(1 - S_{cw} - S_g) / B_o \qquad (6\text{-}14)$$

采出量为

$$N_p = Ah\phi\left(\frac{1 - S_{cw}}{B_{oi}} - \frac{1 - S_{cw} - S_g}{B_o}\right) \qquad (6\text{-}15)$$

采收率为

$$E_R = 1 - \frac{1 - S_{cw} - S_g}{1 - S_{cw}} \frac{B_{oi}}{B_o} \qquad (6\text{-}16)$$

页岩油不同于常规油藏，常规油藏在压力降低至饱和压力时，天然气出溶，会在构造高部位形成气顶而驱动油流出，油藏内油饱和度逐步降低，气体饱和度逐步增加。在页岩内，由于气体低黏度和高渗透性等特点，气体会先逸出。因此溶解气枯竭时，油藏含气饱和度 S_g 很低，以油和水为主，计算时取值 1%。

体积系数比 (B_{oi}/B_o) 根据压缩系数及压力变化量计算：

$$\frac{B_{oi}}{B_o} = \frac{1}{1 + (\Delta P)C_o} = \frac{1}{1 + (P - P_i)C_o} \qquad (6\text{-}17)$$

式中，C_o 为原油压缩系数；P_i 和 P 分别为原始状态和最终状态下流体压力。

页岩油溶解气驱动可动油率计算结果如图 6-33 所示：2800～4000m，溶解气驱动采收率在 4%～22%，总体上，随深度增加，可动油率变大，这可能与气油比及原油性质等条件有关，埋藏越深，气油比越高，原油越易于膨胀流动。总体上，沙四上亚段溶解气驱采收率略高于沙三下亚段。

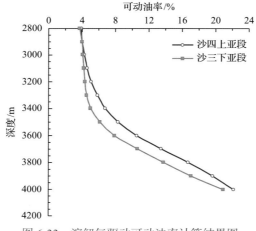

图 6-33　溶解气驱动可动油率计算结果图

四、弹性驱动与溶解气驱动总和

　　弹性驱动与溶解气驱动的总采出率计算公式为：弹性驱动采出率+(1–弹性驱动采出率)×溶解气驱采出率，计算结果如图 6-34 所示。总体上，随埋深增加，总可动油率增大，而沙四上亚段的采出率要大于沙三下亚段。自 2800m 到 4000m，沙三下亚段总采出率变化范围在 8%～28%；沙四段变化范围在 9%～30%。而这些总采出率的影响因素包括岩石的弹性特征、流体的弹性特征、气油比、含油饱和度、温度和压力等。

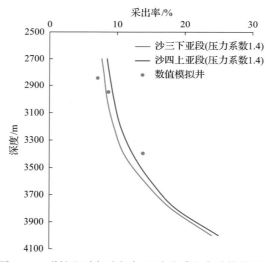

图 6-34　弹性驱动与溶解气驱动总采出率计算结果图

五、可采资源量

　　根据图 6-34 的采收率曲线及页岩油资源量的分布，估算济阳坳陷各凹陷的可采资源量(图 6-35)。济阳坳陷页岩油可采资源量 5.68 亿 t，其中沙三下亚段 3.53 亿 t，沙

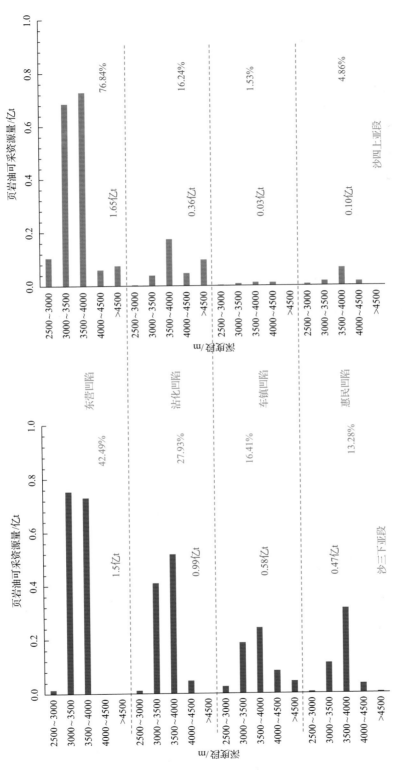

图6-35　济阳坳陷可采资源量分布图

四段上亚段 2.15 亿 t。东营凹陷沙三下亚段可采资源量 1.5 亿 t，占整个沙三下亚段可采资源量的 42.49%，沙四上亚段为 1.65 亿 t，占整个沙三下亚段可采资源量的 76.84%。在纵向分布上，与页岩油资源明显不同的是，页岩油资源主要分布在 3000～3500m，而页岩油可采资源主要分布在 3500～4000m,反映出深部采收率较高的特征(图 4-50)。

参 考 文 献

步少峰, 马若龙, 袁海峰, 等. 2012. 湘中地区海相页岩气资源潜力评价方法及参数选取. 成都理工大学学报(自然科学版), 39(2): 223-230.

蔡进功, 包于进, 杨守业, 等. 2007. 泥质沉积物和泥岩中有机质的赋存形式与富集机制. 中国科学(D 辑: 地球科学), 37(2): 234-243.

陈方文, 赵红琴, 王淑萍, 等. 2019. 渤海湾盆地冀中坳陷饶阳凹陷沙一下亚段页岩油可动量评价. 石油与天然气地质, 40(3): 593-601.

陈桂华, 白玉湖, 陈晓智, 等. 2016. 页岩油气纵向综合甜点识别新方法及定量化评价. 石油学报, 37(11): 1337-1342, 1360.

谌卓恒, Osadetz K G. 2013. 西加拿大沉积盆地 Cardium 组致密油资源评价. 石油勘探与开发, 40(3): 320-328.

谌卓恒, 黎茂稳, 姜春庆, 等. 2019. 页岩油的资源潜力及流动性评价方法——以西加拿大盆地上泥盆统 Duvernay 页岩为例. 石油与天然气地质, 40(3): 459-468.

董冬, 杨申镳, 项希勇, 等. 1993. 济阳坳陷的泥质岩类油气藏. 石油勘探与开发, 20(6): 15-22.

付金华, 李士祥, 郭芪恒, 等. 2022. 鄂尔多斯盆地陆相页岩油富集条件及有利区优选. 石油学报, 43(12): 1-14.

傅家谟, 秦匡宗. 1995. 干酪根地球化学. 广州: 广东科技出版社.

管情情. 2021. 利津洼陷利 886 块沙四上油页岩甜点评价. 中国石油大学胜利学院学报, 35(4): 29-35.

郭树生, 郎东升. 1997. 热解参数 S_1 的校正方法. 录井技术, 8(1): 23-26.

郭小波, 黄志龙, 陈旋, 等. 2014. 马朗凹陷芦草沟组泥页岩储层含油性特征与评价. 沉积学报, 32(1): 166-173.

郭小波, 黄志龙, 涂小仙, 等. 2013. 马朗凹陷芦草沟组致密储集层复杂岩性识别. 新疆石油地质, 34(6): 649-652.

郝芳, 陈建渝, 孙永传. 1994. 有机相研究及其在盆地分析中的应用. 沉积学报, 12(4): 77-86.

胡见义, 徐树宝, 窦立荣, 等. 1991. 烃类气成因类型及其富集区的分布模式. 天然气地球科学, (1): 1-5.

胡素云, 白斌, 陶士振, 等. 2022. 中国陆相中高成熟度页岩油非均质地质条件与差异富集特征. 石油勘探与开发, 49(2): 224-237.

黄第藩, 李晋超. 1987. 陆相沉积中的未熟石油及其意义. 石油学报, 8(1): 1-9.

黄第藩, 李晋超, 周翥虹, 等. 1984. 陆相有机质的演化和成烃机理. 北京: 石油工业出版社.

黄第藩, 张大江, 王培荣. 2003. 中国未成熟石油成因机制和成藏条件. 北京: 石油工业出版社.

黄文彪, 邓守伟, 卢双舫, 等. 2014. 泥页岩有机非均质性评价及在页岩油资源评价中的应用——以松辽盆地南部青山口组为例. 石油与天然气地质, 35(5): 704-711.

姜文亚, 柳飒. 2015. 层序地层格架中优质烃源岩分布与控制因素——以歧口凹陷古近系为例. 中国石油勘探, (2): 51-58.

姜在兴, 张文昭, 梁超, 等. 2014. 页岩油储层基本特征及评价要素. 石油学报, 35(1): 184-196.

蒋启贵, 黎茂稳, 钱门辉, 等. 2016. 不同赋存状态页岩油定量表征技术与应用研究. 石油实验地质, 38(6): 842-849.

郎东升, 郭树生, 马德华. 1996. 评价储层含油性的热解参数校正方法及其应用. 海相油气地质, 1(1): 53-55.

李吉君, 史颖琳, 黄振凯, 等. 2015. 松辽盆地北部陆相泥页岩孔隙特征及其对页岩油赋存的影响. 中国石油大学学报(自然科学版), 39(4): 27-34.

李骥远, 卢双舫. 2017. 利用核磁共振 T_1-T_2 谱技术研究页岩油可动性. 中国锰业, 35(4): 169-172.

李进步. 2020. 页岩油赋存机理及可动性研究. 青岛: 中国石油大学(华东).

李进步, 卢双舫, 陈国辉, 等. 2015. 基于矿物学和岩石力学的泥页岩储层可压裂性评价. 大庆石油地质与开发, 34(6): 159-164.

李进步, 卢双舫, 陈国辉, 等. 2016. 热解参数 S_1 的轻烃与重烃校正及其意义——以渤海湾盆地大民屯凹陷 $E_2s^{4(2)}$ 段为例. 石油与天然气地质, 37(4): 538-545.

李俊乾, 卢双舫, 张婕, 等. 2019. 页岩油吸附与游离定量评价模型及微观赋存机制. 石油与天然气地质, 40(3): 583-592.

李玉桓, 邹立言, 黄九思. 1993. 储油岩热解地球化学录井评价技术. 北京: 石油工业出版社.

李政, 王秀红, 朱日房, 等. 2015. 济阳坳陷沙三下亚段和沙四上亚段页岩油地球化学评价. 新疆石油地质, 36(5): 510-514.

李志明, 余晓露, 徐二社, 等. 2010. 渤海湾盆地东营凹陷有效烃源岩矿物组成特征及其意义, 石油实验地质, 32(3): 270-275.

李志明, 刘鹏, 钱门辉, 等. 2018. 湖相泥页岩不同赋存状态油定量对比——以渤海湾盆地东营凹陷页岩油探井取心段为例. 中国矿业大学学报, 47(6): 1252-1263.

李卓, 姜振学, 唐相路, 等. 2017. 渝东南下志留统龙马溪组页岩岩相特征及其对孔隙结构的控制. 地球科学, 42(7): 1116-1123.

梁世君, 黄志龙, 柳波, 等. 2012. 马朗凹陷芦草沟组页岩油形成机理与富集条件. 石油学报, 33(4): 588-594.

梁兴, 王高成, 徐政语, 等. 2016. 中国南方海相复杂山地页岩气储层甜点综合评价技术——以昭通国家级页岩气示范区为例. 天然气工业, 36(1): 33-42.

刘超. 2011. 测井资料评价烃源岩方法改进及作用. 大庆: 东北石油大学.

刘超, 卢双舫, 薛海涛. 2014. 变系数 $\Delta\log R$ 方法及其在泥页岩有机质评价中的应用. 地球物理学进展, 29(1): 312-317.

刘惠民. 2022. 济阳坳陷页岩油勘探实践与前景展望. 中国石油勘探, 27(1): 73-87.

刘惠民, 孙善勇, 操应长, 等. 2017. 东营凹陷沙三段下亚段细粒沉积岩岩相特征及其分布模式. 油气地质与采收率, 24(1): 1-10.

刘惠民, 于炳松, 谢忠怀, 等. 2018. 陆相湖盆富有机质页岩微相特征及对页岩油富集的指示意义——以渤海湾盆地济阳坳陷为例. 石油学报, 39(12): 1328-1343.

刘雅利, 张顺, 刘惠民, 等. 2021. 断陷盆地陡坡带富有机质页岩基本特征及勘探前景——以济阳坳陷为例. 中国矿业大学学报, 50(6): 1108-1118.

柳波, 郭小波, 黄志龙, 等. 2013. 页岩油资源潜力预测方法探讨: 以三塘湖盆地马朗凹陷芦草沟组页岩油为例. 中南大学学报(自然科学版), 44(4): 1472-1478.

柳波, 何佳, 吕延防, 等. 2014. 页岩油资源评价指标与方法——以松辽盆地北部青山口组页岩油为例. 中南大学学报(自然科学版), 45(11): 3846-3852.

卢双舫, 黄文彪, 陈方文, 等. 2012a. 页岩油气资源分级评价标准探讨. 石油勘探与开发, 39(2): 249-256.

卢双舫, 马延伶, 曹瑞成, 等. 2012b. 优质烃源岩评价标准及其应用: 以海拉尔盆地乌尔逊凹陷为例. 地球科学(中国地质大学学报), 37(3): 535-544.

卢双舫, 陈国辉, 王民, 等. 2016a. 辽河坳陷大民屯凹陷沙河街组四段页岩油富集资源潜力评价. 石油与天然气地质, 37(1): 8-14.

卢双舫, 薛海涛, 王民, 等. 2016b. 页岩油评价中的若干关键问题及研究趋势. 石油学报, 37(10): 1309-1322.

卢双舫, 张敏. 2018. 油气地球化学. 北京: 石油工业出版社.

陆现彩, 胡文瑄, 符琦. 1999. 烃源岩中可溶有机质与粘土矿物结合关系, 地质科学, 34(1): 69-77.

马义权. 2017. 济阳坳陷古近系沙河街组湖相页岩岩相学及古气候记录. 武汉: 中国地质大学.

马永生, 蔡勋育, 赵培荣, 等. 2022. 中国陆相页岩油地质特征与勘探实践. 地质学报, 96(1): 155-171.

宁方兴. 2015a. 济阳坳陷页岩油富集机理. 特种油气藏, 22(3): 27-30, 152.

宁方兴. 2015b. 济阳坳陷页岩油富集主控因素. 石油学报, 36(8): 905-914.

庞雄奇, 陈章明, 方祖康, 等. 1992. 海拉尔盆地源岩排油气量计算及其定量评价. 石油学报, 13(4): 10-19.

桑茜, 张少杰, 朱超凡, 等. 2017. 陆相页岩油储层可动流体的核磁共振研究. 中国科技论文, 12(9): 978-983.

盛志纬, 葛修丽. 1986. 生油岩定量评价中的轻烃问题. 石油实验地质, 8(2): 139-151.

宋国奇, 张林晔, 卢双舫, 等. 2013. 页岩油资源评价技术方法及其应用. 地学前缘, 20(4): 221-228.

宋明水. 2019. 济阳坳陷页岩油勘探实践与现状. 油气地质与采收率, 26(1): 1-12.

宋明水, 刘惠民, 王勇, 等. 2020. 济阳坳陷古近系页岩油富集规律认识与勘探实践. 石油勘探与开发, 47(2): 225-235.

孙焕泉. 2017. 济阳坳陷页岩油勘探实践与认识. 中国石油勘探, 22(4): 1-14.

孙孟茹, 韩志磊, 秦瑞宝, 等. 2015. 致密气储层可压裂性测井评价方法. 石油学报, 36(1): 74-80.

孙龙德. 2020. 古龙页岩油(代序). 大庆石油地质与开发, 39(3): 1-7.

王安乔, 郑保明. 1987. 热解色谱分析参数的校正. 石油实验地质, (4): 47-55.

王民, 石蕾, 王文广, 等. 2014. 中美页岩油、致密油发育的地球化学特征对比. 岩性油气藏, 26(3): 67-73.

王民, 关莹, 李传明, 等. 2018. 济阳坳陷沙河街组湖相页岩储层孔隙定性描述及全孔径定量评价. 石油与天然气地质, 39(6): 1107-1119.

王民, 马睿, 李进步, 等. 2019. 济阳坳陷古近系沙河街组湖相页岩油赋存机理. 石油勘探与开发, 46(4): 789-802.

王铁冠, 钟宁宁, 熊波, 等. 1994. 源岩生烃潜力的有机岩石学评价方法. 石油学报, (4): 9-16.

王文广, 郑民, 王民, 等. 2015. 页岩油可动资源量评价方法探讨及在东濮凹陷北部古近系沙河街组应用. 天然气地球科学, 26(4): 771-781.

王文广, 林承焰, 郑民, 等. 2018. 致密油/页岩油富集模式及资源潜力——以黄骅坳陷沧东凹陷孔二段为例. 中国矿业大学学报, 47(2): 332-344.

王永诗, 金强, 朱光有, 等. 2003. 济阳坳陷沙河街组有效烃源岩特征与评价. 石油勘探与开发, 30(3): 53-55.

王永诗, 郝雪峰, 胡阳. 2018. 富油凹陷油气分布有序性与富集差异性——以渤海湾盆地济阳坳陷东营凹陷为例. 石油勘探与开发, 45(5): 785-794.

王勇, 刘惠民, 宋国奇, 等. 2017. 济阳坳陷页岩油富集要素与富集模式研究. 高校地质学报, 23(2): 268-276.

吴胜和, 熊琦华. 1998. 油气储层地质学. 北京: 石油工业出版社.

吴世强, 唐小山, 杜小娟, 等. 2013. 江汉盆地潜江凹陷陆相页岩油地质特征. 东华理工大学学报(自然科学版), 36(3): 282-286.

蒇克来, 李克, 操应长, 等. 2020. 鄂尔多斯盆地三叠系延长组长 7_3 亚段富有机质页岩纹层组合与页岩油富集模式. 石油勘探与开发, 47(6): 1244-1255.

薛海涛, 田善思, 卢双舫, 等. 2015. 页岩油资源定量评价中关键参数的选取与校正——以松辽盆地北部青山口组为例. 矿物岩石地球化学通报, 34(1): 70-78.

薛海涛, 田善思, 王伟明, 等. 2016. 页岩油资源评价关键参数——含油率的校正. 石油与天然气地质, 37(1): 15-22.

杨超, 张金川, 唐玄. 2013. 鄂尔多斯盆地陆相页岩微观孔隙类型及对页岩气储渗的影响. 地学前缘, 20(4): 240-250.

杨超, 张金川, 李婉君, 等. 2014. 辽河坳陷沙三、沙四段泥页岩微观孔隙特征及其成藏意义. 石油与天然气地质, 35(2): 286-294.

杨华, 李士祥, 刘显阳. 2013. 鄂尔多斯盆地致密油、页岩油特征及资源潜力. 石油学报, 34(1): 1-11.

杨智, 侯连华, 陶士振, 等. 2015. 致密油与页岩油形成条件与"甜点区"评价. 石油勘探与开发, 42(5): 555-565.

姚素平, 张科, 胡文瑄, 等. 2009. 鄂尔多斯盆地三叠系延长组沉积有机相. 石油与天然气地质, 30(1): 74-84.

张关龙, 陈世悦, 鄢继. 2006. 东营凹陷郑家王庄地区沙河街组粘土矿物特征及其与储层伤害的关系, 中国石油大学学报(自然科学版), 30(6): 7-12.

张光亚, 陈全茂, 刘来民. 1993. 南阳凹陷泥岩裂缝油气藏特征及其形成机制探讨. 石油勘探与开发, (1): 18-26.

张金川, 林腊梅, 李玉喜, 等. 2012. 页岩油分类与评价. 地学前缘, 19(5): 322-331.

张君峰, 徐兴友, 白静, 等. 2020. 松辽盆地南部白垩系青一段深湖相页岩油富集模式及勘探实践. 石油勘探与开发, 47(4): 637-652.

张林晔, 蒋有录, 刘华, 等. 2003a. 东营凹陷油源特征分析. 石油勘探与开发, 30(3): 61-64.

张林晔, 孔祥星, 张春荣, 等. 2003b. 济阳坳陷下第三系优质烃源岩的发育及其意义. 地球化学, 32(1): 35-42.

张林晔, 刘庆, 张春荣, 等. 2005. 东营凹陷成烃与成藏关系研究. 北京: 地质出版社.

张林晔, 包友书, 李钜源, 等. 2014a. 湖相页岩油可动性——以渤海湾盆地济阳坳陷东营凹陷为例. 石油勘探与开发, 41(6): 641-649.

张林晔, 李钜源, 李政, 等. 2014b. 北美页岩油气研究进展及对中国陆相页岩油气勘探的思考. 地球科学进展, 29(6): 700-711.

张林晔, 包友书, 李钜源, 等. 2015. 湖相页岩中矿物和干酪根留油能力实验研究. 石油实验地质, 37(6): 776-780.

张鹏飞. 2019. 基于核磁共振技术的页岩油储集、赋存与可流动性研究. 青岛: 中国石油大学(华东).

张善文, 张林晔, 张守春, 等. 2009. 东营凹陷古近系异常高压的形成与岩性油藏的含油性研究. 科学通报, 54(11): 1570-1578.

张顺, 刘惠民, 宋国奇, 等. 2016. 东营凹陷页岩油储集空间成因及控制因素. 石油学报, 37(12): 1495-1507.

章新文, 王优先, 王根林, 等. 2015. 河南省南襄盆地泌阳凹陷古近系核桃园组湖相页岩油储集层特征. 古地理学报, 17(1): 107-118.

赵贤正, 周立宏, 蒲秀刚, 等. 2018. 陆相湖盆页岩层系基本地质特征与页岩油勘探突破——以渤海湾盆地沧东凹陷古近系孔店组二段一亚段为例. 石油勘探与开发, 45(3): 361-372.

赵贤正, 周立宏, 蒲秀刚, 等. 2020. 歧口凹陷歧北次凹沙河街组三段页岩油地质特征与勘探突破. 石油学报, 41(6): 643-657.

赵贤正, 蒲秀刚, 周立宏, 等. 2021. 深盆湖相区页岩油富集理论、勘探技术及前景——以渤海湾盆地黄骅坳陷古近系为例. 石油学报, 42(2): 143-162.

赵贤正, 周立宏, 蒲秀刚, 等. 2022. 湖相页岩型页岩油勘探开发理论技术与实践——以渤海湾盆地沧东凹陷古近系孔店组为例. 石油勘探与开发, 49(3): 616-626.

周杰, 李娜. 2004. 有关烃源岩定量评价的几点意见. 西安石油大学学报(自然科学版), 19(1): 15-23.

朱德顺. 2016. 渤海湾盆地东营凹陷和沾化凹陷页岩油富集规律. 新疆石油地质, 37(3): 270-274.

朱光有, 金强. 2002. 烃源岩的非均质性研究——以东营凹陷牛38井为例. 石油学报, 23(5): 34-39.

朱光有, 金强. 2003. 东营凹陷两套优质烃源岩层地质地球化学特征研究. 沉积学报, 21(3): 506-512.

朱日房, 张林晔, 李钜源, 等. 2015. 页岩滞留液态烃的定量评价. 石油学报, 36(1): 13-18.

朱日房, 张林晔, 李政, 等. 2019. 陆相断陷盆地页岩油资源潜力评价——以东营凹陷沙三段下亚段为例. 油气地质与采收率, 26(1): 129-136.

朱晓萌, 朱文兵, 曹剑, 等. 2019. 页岩油可动性表征方法研究进展. 新疆石油地质, 40(6): 745-753.

Almanza A. 2011. Integrated three dimensional geological model of the Devonian Bakken formation elm coulee field, Williston Basin: Richland County Montana. Denver: Colorado School of Mines.

Bordenave M L. 1993. Applied Petroleum Geochemistry. Paria: Editions Technip.

Burnham A K, Sweeney J J. 1989. A chemical kinetic model of vitrinite maturation and reflectance. Geochimica et Cosmochimica Acta, 53(10): 2649-2657.

Burwood R, Cornet P J, Jacobs L, et al. 1990. Organofacies variation control on hydrocarbon generation: A Lower Congo Coastal Basin(Angola)case history. Organic Geochemistry, 16(1/3): 325-338.

Connan J. 1974. Time-temperature relation in oil genesis: Geologic notes. AAPG Bulletin, 58 (12): 2516-2521.

Cooles G P, Mackenzie A S, Quigley T M. 1986. Calculation of petroleum masses generated and expelled from source rocks. Organic Geochemistry, 10: 235-245.

Daughney C J. 2000. Sorption of crude oil from a non-aqueous phase onto silica: The influence of aqueous pH and wetting sequence. Organic Geochemistry, 31: 147-158.

Dudasova D, Simon S, Hemmingsen P V, et al. 2008. Study of asphaltenes adsorption onto different minerals and clays. Part 1. Experimental adsorption with UV depletion detection, Colloids and Surfaces A: Physicochem. Colloids & Surfaces A: Physicochemical & Engineering Aspects, 317(1-3):1-9.

Fowler M G, Stasiuk L D, Hearn M, et al. 2004. Evidence for Gloeocapsomorpha prisca in Late Devonian source rocks from southern Alberta, Canada. Organic Geochemistry, 35(4): 425-441.

Hunt J M, Huc A Y, Whelan J K. 1980. Generation of light hydrocarbons in sedimentary rocks. Nature, 288(5792): 688-690.

Huang W L. 1996. A new pyrolysis technique using a diamond anvil cell: In situ visualization of kerogen transformation. Organic Geochemistry, 24(1): 95-107.

Jarvie D M. 2012. Shale resource systems for oil and gas: Part 2—shale-oil resource systems//Breyer J A. Shale Reservoirs—Giant Resources for the 21st Century. AAPG Memoir, 97: 89-119.

Jarvie D M. 2014. Components and processes affecting producibility and commerciality of shale resource systems. Geologica Acta, 12(4): 307-325.

Lewan M D, Kotarba M J, Curtis J B, et al. 2006. Oil-generation kinetics for organic facies with Type-II and -IIS kerogen in the Menilite Shales of the Polish Carpathians. Geochimica et Cosmochimica Acta, 70(13): 3351-3368.

Li J B, Lu S F, Chen G H, et al. 2019a. A new method for measuring shale porosity with low-field nuclear magnetic resonance considering non-fluid signals. Marine and Petroleum Geology, 102: 535-543.

Li J B, Lu S F, Jiang C Q, et al. 2019b. Characterization of shale pore size distribution by NMR considering the influence of shale skeleton signals. Energy & Fuels, 33(7): 6361-6372.

Li J Q, Lu S F, Xie L J, et al. 2017. Shansi Tian. Modeling of hydrocarbon adsorption on continental oil shale: A case study on n-alkane. Fuel, 206: 603-613.

Li J Q, Lu S F, Cai J C, et al. 2018. Adsorbed and free oil in lacustrine nanoporous shale: A theoretical model and a case study. Energy & Fuels, 32(12): 12247-12258.

Lo H B. 1993. Correction criteria for the suppression of vitrinite reflectance in hydrogen-rich kerogens: preliminary guidelines. Organic Geochemistry, 20(6): 653-657.

Loucks R G, Reed R M, Ruppel S C, et al. 2009. Morphology, genesis, and distribution of nanometer-scale pores in siliceous mudstones of the Mississippian Barnett Shale. Journal of Sedimentary Research, 79(11-12): 848-861.

Minssieux L, Nabzar L, Chauveteau G, et al. 1998. Permeability damage due to asphaltene deposition: Experimental and modeling aspects. Revue de l'Institute Français du Pétrole, 53 (3): 313-327.

Mohammadi M, Sedighi M. 2013. Modification of Langmuir isotherm for the adsorption of asphaltene or resin onto calcite mineral surface: Comparison of linear and non-linear methods. Protection of Metals and Physical Chemistry of Surfaces, 49(4): 460-470.

Noble R A, Kaldi J G, Atkinson C D. 1997. Oil saturation in shales: Applications in seal evaluation//Surdam R C. Seals, Traps and the Petroleum System. AAPG Memoir, 67: 13-29.

Olea R A, Cook T A, Coleman J L. 2010. A methodology for the assessment of unconventional(continuous)resources with an application to the Greater Natural Buttes Gas Field, Utah. Natural Resources Research, 19(4): 237-251.

Pan C, Feng J, Tian Y, et al. 2005. Interaction of oil components and clay minerals in reservoir sandstones. Organic Geochemistry, 36: 633-654.

Passey Q R, Creaney S, Kulla J B. 1990. A practical model for organic richness from porosity and resistivity logs. AAPG Bulletin, 74(5): 1777-1794.

Pepper A S, Corvi P J. 1995. Simple kinetic models of petroleum formation. Part III: Modelling an open system. Marine and Petroleum Geology, 12: 417-452.

Pernyeszi T, Patzko A, Berkesi O, et al. 1998. Asphaltene adsorption on clays and crude oil reservoir rocks. Colloids and Surfaces A: Physicochemical and Engineering Aspects, 137: 373-384.

Peters K E. 1986. Guidelines for evaluating petroleum source rock using programmed pyrolysis. AAPG Bulletin, 70(3): 318-329.

Ribeiro R C, Correia J C G, Seidl P R. 2009. The influence of different minerals on the mechanical resistance of asphalt mixtures. Journal of Petroleum Science and Engineering, 65(3-4): 171-174.

Ronald J H, Daniel M J, John Z, et al. 2007. Oil and gas geochemistry and petroleum systems of the Fort Worth Basin. AAPG Bulletin, 91(4): 445-473.

Salazar J, Mcvay D A, Lee W J. 2010. Development of an improved methodology to assess potential unconventional gas resources. Natural Resources Research, 19(4): 253-268.

Schmoker, J W. 2002. Resource-assessment perspectives for unconventional gas systems. AAPG Bulletin, 86(11): 1993-1999.

Sofer Z. 1988. Hydrous pyrolysis of monterey asphaltenes. Organic Geochemistry, 13(4-6): 939-945.

Wang M, Tian S, Chen G, et al. 2014. Correction method of light hydrocarbons losing and heavy hydrocarbon handling for residual hydrocarbon (S_1) from shale. Acta Geologica Sinica(English Edition), 88(6): 1792-1797.

Wang M, Wilkins R W T, Song G, et al. 2015a. Geochemical and geological characteristics of the Es_3^L lacustrine shale in the Bonan sag, Bohai Bay Basin, China. International Journal of Coal Geology, 138: 16-29.

Wang M, Yang J, Wang Z, et al. 2015b. Nanometer-scale pore characteristics of Lacustrine Shale, Songliao Basin, NE China. PLoS ONE, 10(8): e0135252.

Wang M, Lu S, Wang Z, et al. 2016. Reservoir characteristics of lacustrine shale and marine shale: Examples from the Songliao Basin, Bohai Bay Basin and Qiannan Depression. Acta Geologica Sinica（English Edition）, 90（3）: 1024-1038.

Wang M, Guo Z Q, Jiao C X, et al. 2019. Exploration progress and geochemical features of lacustrine shale oils in China. Journal of Petroleum Science and Engineering, 178: 975-986.

Wright M C, Court R W, Kafantaris F C A, et al. 2015. A new rapid method for shale oil and shale gas assessment. Fuel, 153: 231-239.

Zhang L Y, Li J Y, Li Z, et al. 2012. Research on the key geological problems of shale oil exploration and development in continental basin-An example from Dongying Sag, Wu Xi, China. International Symposium on Shale Oil Resources and Exploitation Technologies.

Zhang P F, Lu S F, Li J Q, et al. 2018. Petrophysical char-acterization of oil-bearing shales by low-field nuclear magnetic reso-nance（NMR）. Marine and Petroleum Geology, 89: 775-785.